Cigdem Capan

**L'effet Nernst dans les cuprates sous-dopes**

Cigdem Capan

# L'effet Nernst dans les cuprates sous-dopes

## Compte-rendu experimental a l'approche de la transition supraconducteur-isolant

Presses Académiques Francophones

**Mentions légales / Imprint (applicable pour l'Allemagne seulement / only for Germany)**
Information bibliographique publiée par la Deutsche Nationalbibliothek: La Deutsche Nationalbibliothek inscrit cette publication à la Deutsche Nationalbibliografie; des données bibliographiques détaillées sont disponibles sur internet à l'adresse http://dnb.d-nb.de.
Toutes marques et noms de produits mentionnés dans ce livre demeurent sous la protection des marques, des marques déposées et des brevets, et sont des marques ou des marques déposées de leurs détenteurs respectifs. L'utilisation des marques, noms de produits, noms communs, noms commerciaux, descriptions de produits, etc, même sans qu'ils soient mentionnés de façon particulière dans ce livre ne signifie en aucune façon que ces noms peuvent être utilisés sans restriction à l'égard de la législation pour la protection des marques et des marques déposées et pourraient donc être utilisés par quiconque.

Photo de la couverture: www.ingimage.com

Editeur: Presses Académiques Francophones est une marque déposée de
Südwestdeutscher Verlag für Hochschulschriften GmbH & Co. KG
Heinrich-Böcking-Str. 6-8, 66121 Sarrebruck, Allemagne
Téléphone +49 681 37 20 271-1, Fax +49 681 37 20 271-0
Email: info@presses-academiques.com

Produit en Allemagne:
Schaltungsdienst Lange o.H.G., Berlin
Books on Demand GmbH, Norderstedt
Reha GmbH, Saarbrücken
Amazon Distribution GmbH, Leipzig
**ISBN: 978-3-8381-8990-1**

**Imprint (only for USA, GB)**
Bibliographic information published by the Deutsche Nationalbibliothek: The Deutsche Nationalbibliothek lists this publication in the Deutsche Nationalbibliografie; detailed bibliographic data are available in the Internet at http://dnb.d-nb.de.
Any brand names and product names mentioned in this book are subject to trademark, brand or patent protection and are trademarks or registered trademarks of their respective holders. The use of brand names, product names, common names, trade names, product descriptions etc. even without a particular marking in this works is in no way to be construed to mean that such names may be regarded as unrestricted in respect of trademark and brand protection legislation and could thus be used by anyone.

Cover image: www.ingimage.com

Publisher: Presses Académiques Francophones is an imprint of the publishing house
Südwestdeutscher Verlag für Hochschulschriften GmbH & Co. KG
Heinrich-Böcking-Str. 6-8, 66121 Saarbrücken, Germany
Phone +49 681 37 20 271-1, Fax +49 681 37 20 271-0
Email: info@presses-academiques.com

Printed in the U.S.A.
Printed in the U.K. by (see last page)
**ISBN: 978-3-8381-8990-1**

# REMERCIEMENTS

Je remercie vivement l'ensemble des membres du jury de thèse pour la lecture critique de ce manuscrit ainsi que les questions pertinentes qu'ils m'ont posées lors de la soutenance. Je remercie en particulier M.John Cooper et M.Michel Héritier d'avoir bien voulu accepter d'être les rapporteurs de ma thèse. L'intérêt sincère qu'ils ont montré à mon travail m'est précieux et me donne beaucoup de courage pour la suite de ma carrière. Je remercie également M.Kees Van der Bek pour avoir présidé le jury. Je remercie M.William Sacks pour les corrections qu'il m'a suggérées. Je remercie particulièrement Mme Hélène Raffy pour m'avoir fourni les couches minces de Bi2201 et pour avoir assisté à la soutenance en tant que membre invité. Les discussions qu'elle m'a accordées à diverses reprises m'ont été très utiles.

Je remercie M.Kamran Behnia d'avoir dirigé ma thèse jusqu'à son terme. Il m'a beaucoup aidé à aiguiser mon autonomie scientifique. Je sais dorénavant que je vais réussir aussi bien l'aspect technique que l'aspect humain du métier de chercheur. Je remercie également l'équipe de M.Louis Jansen pour le soutien logistique lors des deux campagnes de mesures au Laboratoire des Champs Magnétiques Intenses. Je remercie M.Christophe Marin au CEAGrenoble pour les monocristaux de LSCO qu'il a fabriqué. Je remercie vivement M.Wolfgang Lang pour m'avoir si bien accueilli et encadré dans son laboratoire à l'université de Vienne. Il reste à mes yeux un modèle. Je remercie M.Nigel Hussey pour les nombreuses discussions scientifiques que nous avons eu, son estime et sa sympathie me sont chers. Je lui dois aussi de m'avoir invité dans son laboratoire à Bristol pour une initiation à la croissance d'un monocristal de LSCO dans son nouveau four à image. J'espère avoir l'occasion de collaborer avec lui dans l'avenir.

Je remercie M.Ryusuke Ikeda pour une correspondance scientifique régulière vers la fin de ma thèse. Cela m'a été particulièrement utile lors de la rédaction. L'intérêt et la confiance qu'il porte à mes résultats a été une source d'enthousiasme et de motivation. Je remercie du fond du coeur M.Piers Coleman pour ses nombreux conseils et encouragements. En particulier, il m'a donné l'opportunité de presenter mes résultats de façon informelle à l'université de Rutgers au début de ma troisième anée.

Je remercie l'ensemble du laboratoire de Physique Quantique où s'est déroulé l'essentiel de ce travail. Je remercie Philippe Monod pour sa bienveillance constante et ses remarques et suggestions concernant mon travail. Je remercie également Brigitte Leridon et Jérome Lesueur pour avoir su me prêter oreille et m'encourager face aux difficultés que j'ai rencontrées plus d'une fois. Je remercie François-Joel pour son soutien technique et sa bonne humeur. Je remercie Sako qui a été une collègue formidable. J'ai beaucoup apprécié la complicité et la confiance réciproque qui s'est établie entre nous dans le bureau que nous avons partagé pendant deux ans. Je remercie aussi Andres pour sa présence et son soutien moral dans les moments difficiles.

Pour finir, je dédie cette thèse à Laurence Galand, mon amie de longue date, ma collocatrice tardive, qui a été témoin au jour le jour du meilleur et du pire pendant ces trois années d'aventure scientifique. Son soutien infaillible pour l'achèvement de ma thèse est au-delà de l'espérance.

# TABLE DES MATIERES

Introduction ................................................................................................. 1

PARTIE I: ETAT ACTUEL DES CONNAISSANCES EN MATIERE DE
CUPRATES, DE VORTEX ET D'EFFET NERNST

Chapitre 1: Les Cuprates : Le Nouveau Monde ................................................. 4
    1.1 Introduction Générale à la Physique des Cuprates ................................. 4
    1.2 Deux Questions Centrales Concernant le Régime Sous-dopé ................ 14

Chapitre 2: L'Originalité des Vortex dans les Cuprates ................................... 38
    2.1 Le Diagramme de Phase ........................................................................ 39
    2.2 Le Magnétisme Associé aux Vortex ..................................................... 43
    2.3 La Structure du coeur de Vortex ........................................................... 52

Chapitre 3: De l'intérêt de l'effet Nernst dans les Cuprates ............................ 57
    3.1 Qu'est-ce que l'effet Nernst? ................................................................ 57
    3.2 Sources connues d'effet Nernst ............................................................ 58

PARTIE II: ASPECTS TECHNIQUES

Chapitre 4: Description de l'expérience .......................................................... 67
    4.1 Description du porte-échantillon ........................................................... 67

4.2 Description des mesures d'effet Nernst ..................................................... 69

4.3 Description des mesures de résistivité ..................................................... 75


Chapitre 5: Caractérisation des échantillons ..................................................... **77**

5.1 Présentation des échantillons ................................................................. 77

5.2 Mesures Préliminaires de Résistivité Sous Champ Magnétique ............. 80


PARTIE III:  RESULTATS D'EFFET NERNST

Chapitre 6: L'effet Nernst au-dessus de Tc ..................................................... **89**


Chapitre 7: Etude Comparative de l'effet Nernst et de la Résistivité dans la Phase Mixte des Cuprates Sous-dopés ................................................................. **98**

7.1 Anomalies liées à l'effet Nernst à haut champ magnétique dans $La_{1.92}Sr_{0.08}CuO_4$ ..................................................................................... 98

7.2 Confirmation dans les trois autres échantillons ..................................... 103

7.3 L'effet Nernst à l'approche de la transition supraconducteur –isolant ... 112


PARTIE IV: ANALYSE ET DISCUSSION

Chapitre 8: Explications possibles pour l'effet Nernst au-dessus de Tc ......... **117**

8.1 Arguments en faveur d'une origine supraconductrice ........................... 117

8.2 Le modèle gaussien de fluctuations supraconductrices .......................... 119

8.3 La phase de vortex spontanés ................................................................. 120

8.4 Les quasiparticules en présence de fluctuations antiferromagnétiques et supraconductrices ....................................................................... 121

8.5 Récapitulation ................................................................................. 123


Chapitre 9: Explications possibles pour l'absence de correspondance entre l'effet Nernst et la résistivité dans la phase mixte ......................................... **124**

9.1 Les fluctuations supraconductrices sont de nature quantique ............... 126

9.2 La viscosité de vortex est faible .............................................. 130

9.3 Récapitulation ................................................................. 132


Chapitre 10: Pourquoi l'entropie de transport extraite de l'effet Nernst est-elle aussi faible? ..................................................................................... 134

10.1 Présentation des résultats d'entropie ...................................... 135

10.2 Discussion sur l'origine de l'entropie ...................................... 141

10.3 Comment comprendre la variation en fonction du dopage? ................. 145

10.4 Récapitulation ............................................................... 146


Conclusion et Perspectives .......................................................... **148**

Summary ......................................................................... **151**

Résumé ........................................................................... **153**

Bibliographie ..................................................................... 155

# TABLE DES FIGURES

Figure 1.1: Diagramme de phase générique des cuprates.....................................**6**

Figure 2.1: Diagramme de Phase (H,T) dans les cuprates................................**40**

Figure 3.1: Compensation de Sondheimer......................................................**60**

Figure 4.1: Dispositif expérimental ................................................................**68**

Figure 4.2: Principe de mesure de l'effet Nernst..............................................**69**

Figure 4.3: Schéma du circuit électronique ....................................................**71**

Figure 5.1: Résistivité à champ nul en fonction de la température jusqu'à 300K dans $Bi_2Sr_2CuO_6$(a) et $Bi_2Sr_2CuO_6$(b) ................................................................**77**

Figure 5.2: Résistivité à champ nul en fonction de la température jusqu'à 300K dans $La_{1.92}Sr_{0.08}CuO_4$ et $La_{1.94}Sr_{0.06}CuO_4$ avant et après oxygénation................**79**

Figure 5.3: Résistivité en fonction de la température jusqu'à 12T dans $Bi_2Sr_2CuO_6$(a) ..............................................................................................**81**

Figure 5.4: Résistivité en fonction de la température jusqu'à 12T dans $Bi_2Sr_2CuO_6$(b) ..............................................................................................**82**

Figure 5.5: Résistivité en fonction de la température jusqu'à 12T dans $La_{1.94}Sr_{0.06}CuO_4$ avant oxygénation .................................................................**83**

Figure 5.6: Résistivité en fonction de la température jusqu'à 12T dans $La_{1.94}Sr_{0.06}CuO_4$ après oxygénation.................................................................**84**

Figure 5.7: Résistivité en fonction du champ magnétique jusqu'à 28T dans $La_{1.92}Sr_{0.08}CuO_4$ ........................................................................................**87**

Figure 6.1: Effet Nernst au-dessus de Tc dans $La_{1.92}Sr_{0.08}CuO_4$, $Bi_2Sr_2CuO_6$(b) et $La_{1.94}Sr_{0.06}CuO_4$ ......................................................................................**90**

Figure 6.2: Effet Nernst à 12T avant et après oxygénation dans $La_{1.94}Sr_{0.06}CuO_4$ ...................................................................................................**91**

Figure 6.3: Signal transverse brut à 12T au-dessus de Tc dans $Bi_2Sr_2CuO_6(b)$ ...................................................................................................**92**

Figure 6.4: Signal transverse brut à 12T au-dessus de Tc dans $La_{1.94}Sr_{0.06}CuO_4$ ...................................................................................................**93**

Figure 6.5: Cotangente de l'angle de Hall thermoélectrique et électrique dans $La_{1.92}Sr_{0.08}CuO_4$ et $La_{1.94}Sr_{0.06}CuO_4$ ...................................................................................................**96**

Figure 7.1: Effet Nernst en fonction du champ magnétique dans $La_{1.92}Sr_{0.08}CuO_4$ ...................................................................................................**99**

Figure 7.2: Effet Nernst et Résistivité en fonction de la température à 12T et 26T dans $La_{1.92}Sr_{0.08}CuO_4$ ...................................................................................................**100**

Figure 7.3: Contours d'Effet Nernst et de Résistivité dans le diagramme (H,T) dans $La_{1.92}Sr_{0.08}CuO_4$ ...................................................................................................**102**

Figure 7.4: Effet Nernst et Résistivité en fonction de la température dans $Bi_2Sr_2CuO_6(a)$ jusqu'à 12T ...................................................................................................**104**

Figure 7.5: Effet Nernst et Résistivité en fonction de la température dans $Bi_2Sr_2CuO_6(b)$ jusqu'à 12T ...................................................................................................**107**

Figure 7.6: Effet Nernst et Résistivité en fonction de la température dans $La_{1.94}Sr_{0.06}CuO_4$ avant oxygénation jusqu'à 12T ...................................................................................................**108**

Figure 7.7: Effet Nernst et Résistivité en fonction de la température dans $La_{1.94}Sr_{0.06}CuO_4$ après oxygénation jusqu'à 12T ...................................................................................................**109**

Figure 7.8: Effet Nernst et Résistivité en fonction de la temperature à 12T pour l'ensemble des échantillons ...................................................................................................**113**

Figure 7.9: Contours d'Effet Nernst et de Résistivité dans le diagramme (H,T) pour l'ensemble des échantillons ...................................................................................................**114**

Figure 9.1: Energie de transport en fonction de la température dans les quatres échantillons étudiés ........................................................................................**129**

Figure 10.1: Variation en fonction de la température de l'entropie totale des vortex pour les quatres échantillons à champ magnétique croissant ................**136**

Figure 10.2: Variation en fonction de la température de l'entropie par vortex par plan CuO$_2$ pour les quatres échantillons à champ magnétique croissant .........**137**

# LISTE DES TABLEAUX

Tableau 5.1: Caractéristiques des échantillons étudiés......................................**78**

Tableau 7.1: Récapitulation sur l'effet Nernst dans l'ensemble des échantillons ........................................................................................................................**111**

Tableau 10.1 Valeurs maximales d'entropie et d'énergie de transport dans la phase mixte à 12T pour nos quatres échantillons ............................................**138**

Tableau 10.2 Valeurs d'entropie de vortex dans différents cuprates .............**139**

# INTRODUCTION

Cette thèse est une étude expérimentale consacrée à l'effet Nernst dans le régime sous-dopé des cuprates. Il a été rapporté qu'un signal Nernst anormalement élevé persiste à des températures jusqu'à une centaine de Kelvin au-dessus de la température critique (Tc), dans la phase normale des composés sous-dopés. Ce résultat surprenant nous a conduit à nous demander si un tel effet est aussi observé lorsque la supraconductivité est détruite à fort champ magnétique. Le champ critique des cuprates étant généralement très élevé, nous avons concentré nos efforts sur les composés très sous-dopés et monocouches de façon à avoir les Tc les plus basses possibles. Nous n'avons pas atteint la phase normale proprement dite, à haut champ, mais notre investigation a révélé un comportement tout aussi surprenant à l'approche de la transition supraconducteur-isolant.

Après une introduction à la physique des cuprates, nous passons en revue les particularités des cuprates dans le régime sous-dopé. Nous présentons le pseudogap et ses diverses signatures expérimentales avec un accent particulier sur l'un des scénarios en vogue, les paires préformées, plus comme un modèle sur lequel nous avons concentré notre attention que dans le but de les souligner d'avantage par rapport à d'autres alternatives. La particularité du régime sous-dopé sur laquelle nous voulons mettre l'accent étant la proximité à la transition supraconducteur-isolant, nous présentons aussi l'état actuel de nos connaissances sur cette transition, dans les cuprates comme dans les supraconducteurs conventionnels. C'est à l'approche de cette transition qu'ont eu lieu nos mesures d'effet Nernst. Notre travail constitue en ce sens une nouvelle façon d'explorer ce phénomène, jusque-là étudié presqu'exclusivement par les mesures de résistivité. Nous discutons ensuite l'originalité de la phase mixte des cuprates en abordant d'une part le diagramme de phase des vortex et d'autre part la structure de leur coeur et le magnétisme associé. Le vortex constitue en effet l'objet principal de nos préoccupations puisqu'il est à l'origine du signal Nernst dans un supraconducteur. Nous en profitons par ailleurs pour faire un rappel sur l'effet Nernst dans les cuprates proches du dopage optimal.

Ainsi s'achève cette partie introductive destinée à familiariser le lecteur avec la problématique de notre travail. Nous enchaînons dans une seconde partie avec la description de l'expérience. Outre les détails du montage expérimental et du procédé de mesure, nous présentons les échantillons étudiés et nous tentons d'évaluer l'erreur expérimentale. Vient ensuite la présentation des résultats d'effet Nernst où la comparaison avec la résistivité révèle un comportement étrange par rapport à ce qui a été rapporté dans les cuprates optimalement dopés. L'observation d'un signal Nernst considérable simultanément à une résistivité non-métallique constitue le résultat essentiel et nouveau de cette thèse. Nous pensons que cela indique la présence de vortex dans un contexte où on ne les soupçonnerait pas a priori: celui de la transition supraconducteur-isolant. Nous discutons dans la dernière partie les différents modèles récemment proposés pour l'effet Nernst tant dans la phase normale que dans la phase mixte. De plus, l'interprétation en terme de vortex nous pousse à adopter une analyse similaire à celle qui a été développée pour les composés optimalement dopés. Nous pouvons ainsi extraire une entropie de vortex en combinant les données d'effet Nernst et de résistivité, que nous interprétons comme la différence d'entropie entre la phase normale isolante et la phase supraconductrice et nous tentons de la comparer à la chaleur spécifique.

# PARTIE I:

# ETAT ACTUEL DES CONNAISSANCES EN MATIERE DE CUPRATES, DE VORTEX ET D'EFFET NERNST

Les cuprates constituent un problème d'électrons fortement corrélés à deux dimensions, remarquable par sa complexité, notamment en ce qui concerne l'interface entre le magnétisme et la supraconductivité.

On pense que le hamiltonien de Hubbard offre une description appropriée pour ces matériaux. Ceci dit, on ne connaît pas encore l'état fondamental de cet hamiltonien loin du demi-remplissage. Aussi, de nombreux résultats expérimentaux suggèrent que la phase normale des cuprates n'est peut-être pas un liquide de Fermi. Quant à la supraconductivité, bien que d'apparence BCS, elle émerge paradoxalement d'un isolant de Mott. La particularité de cet isolant est que les électrons deviennent localisés à cause de la forte répulsion coulombienne. Il reste à éclaircir si cette transition supraconducteur-isolant est nouvelle ou comparable à celle que l'on observe généralement dans les couches minces de supraconducteurs conventionnels.

Dans ces matériaux fortement non-conventionnels, c'est dans la phase mixte que le problème de l'interface entre le magnétisme et la supraconductivité se pose de façon la plus aigüe. On a de bonnes raisons de soupçonner qu'un ordre magnétique se développe au coeur de vortex, et il reste à determiner quelle est son influence sur la dynamique de vortex. Dans ce contexte, l'effet Nernst se révèle être une sonde de vortex ou de fluctuations supraconductrices particulièrement intéressante, autant pour les propriétés de la phase normale que celles de la phase mixte.

Chapitre 1

Les Cuprates: Le Nouveau Monde

## 1.1 Introduction Générale à la Physique des Cuprates

### 1.1.1 Structure, Dopage et Diagramme de phase

a) Rappels de chimie

Les cuprates font partie des oxydes de métaux de transition aux propriétés remarquables. Leur structure cristallographique est celle d'un perovskite, alternant les plans $CuO_2$ avec des plans réservoirs contenant les autres atomes. On a de bonnes raisons de penser que toute la physique intéressante, à la fois le magnétisme et la supraconductivité, provient des mêmes électrons dans ces plans $CuO_2$ et dans une bonne approximation les interactions prédominantes sont purement électroniques.

Du point de vue de la théorie des bandes, l'orbitale $d_{x^2-y^2}$ du cuivre est hybridée avec l'orbitale $p_x$ ou $p_y$ de l'Oxygène. Ces deux-là étant proches en énergie, le gap de transfert de charge correspondant est faible, autrement dit la liaison Cu-O est quasiment covalente, contrairement à la plupart des oxydes où on a des liaisons ioniques[1]. Lorsque cette bande est demi-remplie, on a exactement un électron par atome de cuivre et l'état fondamental est un isolant de Mott antiferromagnétique. On peut varier le nombre de porteurs dans les plans $CuO_2$ par dopage chimique, soit en jouant sur la concentration en oxygène des plans réservoirs, soit en substituant par une cation de plus faible valence l'ion de terre rare. Ceci résulte en un dopage aux trous, comme dans la plupart des composés. Avec une cation de plus forte valence, on obtient au contraire un dopage aux électrons, ce qui est le cas dans $Nd_{2-x}Ce_xCuO_4$ et $Pr_{2-x}Ce_xCuO_4$.

b) Comment détermine-t-on le dopage?

On a pu établir de façon empirique une loi reliant Tc au dopage x, sous forme d'une parabole[2] :

$$\frac{Tc(x)}{Tc^{max}} = 1 - 82(x - 0.16)^2$$

mais cela ne rend pas compte de l'anomalie ⅛ dans $La_{2-x}Sr_xCuO_4$ et $YBa_2Cu_3O_{6+y}$ qui consiste en un palier de Tc autour de x = 0.12. La difficulté, pour chaque famille de cuprates, est de relier le dopage x à la concentration de cation dopant ou de l'oxygène. Par exemple, le nombre de trous créés par atome de Cu dans $La_{2-x}Sr_xCuO_4$ est directement proportionnel à la concentration de Sr et il n'y a donc pas d'ambiguïté dans la determination du dopage, contrairement à $Bi_2Sr_{2-x}La_xCuO_{6+y}$, où le dopage est contrôlé par la concentration en La comme en O.

La détermination expérimentale du dopage se fait généralement par des mesures à l'ambiante du pouvoir thermoélectrique. Il se trouve que S(300K) décroît linéairement en fonction de x de façon universelle, la seule exception étant $La_{2-x}Sr_xCuO_4$ [3]. On peut aussi se référer à la conductivité à l'ambiante, $\sigma$(300K), qui augmente linéairement en fonction de x mais c'est moins systéma-tique car la résistivité est extrêmement sensible au désordre, à la différence du pouvoir thermoélectrique. Le coefficient de Hall aurait pu lui aussi servir de référence, mais à l'exception des composés très sous-dopés, on trouve une va-leur inférieure au nombre réel de porteurs de charge, en général[4].

c) Le diagramme de phase

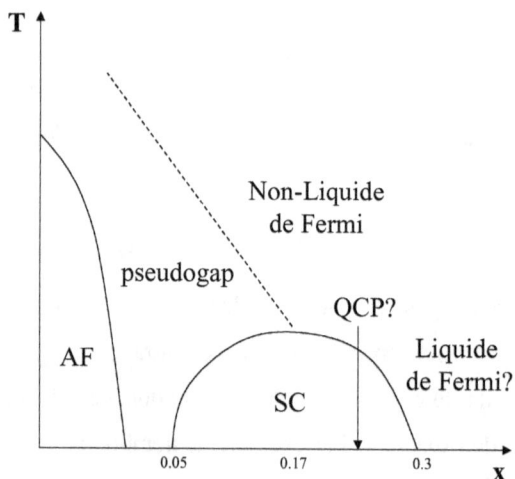

Figure 1.1: Diagramme de phase générique des cuprates.

Il existe un diagramme de phase générique associé aux cuprates en fonction de la température T et de x, le nombre de porteurs par atomes de Cuivre. La ressemblance entre les deux types de diagramme correspondant au dopage aux trous et aux électrons est remarquable, même si on ignore pourquoi c'est le dopage aux trous qui produit une Tc plus grande. Ce diagramme comprend (fig 1.1):

- Une phase antiferromagnétique,

à dopage nul, qui est assez bien décrit dans un modèle de Heisenberg avec éventuellement des interactions cycliques à prendre en compte[5]. L'introduction des trous détruit rapidement l'ordre magnétique à grande distance et il se forme un verre de spin, suivi d'une transition supraconducteur-isolant vers $x_c = 0.05$.

- Une phase supraconductrice,

qui se développe entre x = 0.05 et x = 0.3 avec un Tc maximum vers un dopage optimal de $x_{opt}$ = 0.17. Les dopages inférieurs à $x_{opt}$ constituent le régime sous-dopé par opposition au régime surdopé au-delà. La supraconductivité est assez bien décrite par la théorie de Bardeen-Cooper-Schriefer (BCS) avec des quasi-particules de Bogolioubov qui en sont les excitations élémentaires. Mais la symétrie du paramètre d'ordre est non-conventionnelle, symétrie d'onde d. Le mécanisme de couplage est fort probablement électronique; magnétique ou non, on l'ignore pour l'instant. Les phonons semblent jouer un rôle assez marginal, l'effet isotopique étant faible. L'origine, cinétique ou potentielle, de l'énergie de condensation reste également sujet à débat[6].

- Une phase normale au-dessus de Tc,

aux propriétés exotiques que nous allons détailler ci-dessous, notamment dans le régime sous-dopé. Le dopage optimal constitue un cas à part, un liquide de Fermi marginal, et c'est pour ce cas très particulier que les modèles théoriques comme les données expérimentales abondent. On a longtemps pensé que dans le régime surdopé on retrouvait une phase métallique plus conventionnelle, mais cela est controversé à présent. On soupçonne aussi l'existence d'un point critique quantique vers x = 0.2.

- Une phase métallique au-delà de x=0.3,

qui pourrait bien être un liquide de Fermi, même s'il y a très peu de résultats dans ce régime très surdopé, faute d'échantillons homogènes.

## 1.1.2 En marge du Liquide de Fermi

a) Considérations théoriques sur les systèmes d'électrons à 2D

Un modèle courant adapté aux cuprates est le hamiltonien de Hubbard à une seule bande avec interaction répulsive. Pour un gaz unidimensionnel d'électrons sur réseau il s'écrit simplement:

$$H_{Hubbard} = t \sum c_{k\sigma}^+ c_{k\sigma} + U \sum n_i\, n_j$$

où t est l'intégrale de saut, U l'énergie potentielle (U > 0 dans le cas de l'interaction coulombienne répulsive). Cet hamiltonien décrit la compétition entre l'énergie cinétique qui tend à délocaliser les porteurs de charge et l'énergie potentielle qui tend à les localiser. La solution exacte du modèle de Hubbard à une dimension est due à Lieb et Wu[7],[8],[9]. A deux dimensions, comme c'est le cas des cuprates, on ne connaît pas de solution exacte, on sait simplement que dans la limite de couplage faible, on retrouve un liquide de Fermi. Dans la limite du couplage fort, U >> t, on aboutit à une subdivision de la bande d'énergie initiale en :

– une bande où il n'y a aucun état avec site doublement occupé,

– une suivante où il n'y a que des états avec un seul site doublement occupé,

– une autre avec deux sites doublement occupés,

– ...

la largeur de ces bandes étant donné par t et le gap en énergie valant U. La projection du hamiltonien de Hubbard sur l'espace d'états sans double occupation revient à se placer dans la bande de plus basse énergie. On le met sous la forme d'un hamiltonien t - J:

$$H_{t-J} = -t \sum (c_{i\sigma}^+ c_{j\sigma} + c.c.) + J \sum (S_i S_j - \tfrac{1}{4} n_i n_j)$$

où $J = \dfrac{t^2}{U}$ est le paramètre d'échange antiferromagnétique. A demi-remplissage, le hamiltonien t - J se ramène à l'hamiltonien de Heisenberg dont on sait qu'il admet des solutions avec un ordre antiferromagnétique à longue distance. Ceci correspond dans la pratique au cas des composés non-dopés comme $YBa_2Cu_3O_6$ ou $LaCuO_4$ pour lesquelles la bande inférieure de Hubbard est pleine. Autant la physique à demi-remplissage nous est familière, autant celle des composés dopés, loin du demi-remplissage échappe à notre compréhension pour le moment. On ignore, entre autres, si le liquide de Luttinger est toujours la classe d'universalité pour les systèmes à deux dimensions (il l'est à une dimension).

La projection dans le sous-espace d'états sans double occupation est difficile à traiter et une façon astucieuse est de passer à une description en termes d'électrons composites avec séparation d'excitations fermioniques liées au spin de celles bosoniques liées à la charge. L'opérateur création de particule s'écrit alors:

$$c_{k\sigma}^+ = b_k f_{k\sigma}^+$$

avec $f_{k\sigma}^+$ l'opérateur de création de l'excitation fermionique et $b_k$ celui de l'excitation bosonique. La contrainte d'état sans double occupation de sites est imposée par la relation:

$$f_{k\sigma}^+ f_{k\sigma} + b_k^+ b_k = 1$$

dans cette technique dite de bosonisation.

C'est dans le cadre d'un tel formalisme que P.W.Anderson a propose l'idée de Resonating Valence Bond (RVB). Il s'agit d'une théorie de jauge décrivant un liquide quantique fait de doublets de spins ↑↓. L'excitation élémentaire est non plus une quasiparticule mais un spinon et un holon couplés par un champ de jauge. La difficulté avec cette méthode est que la décomposition n'est pas unique et que, suivant les approximations faites pour la factorisation de l'hamiltonien, on obtient des états fondamentaux différents. Aussi, ce qui distingue les différentes versions de cette théorie RVB c'est l'invariance de jauge imposée.

b) Faut-il abandonner la théorie de Landau de Liquide de Fermi pour les cuprates?

Mis à part leur température critique exceptionellement élevée, les cuprates semblent poser un défi à l'approche courante dans la matière condensée en terme de Liquide de Fermi. Dans cette approche, les propriétés de basses énergies d'un système d'électrons en interaction peuvent se ramener à celui d'un gaz dégénéré de quasiparticules indépendantes. Les anomalies de transport que nous allons présenter brièvement dans ce paragraphe soulèvent la question de savoir si on doit complètement abandonner cette théorie pour les cuprates.

Selon certains auteurs, les cuprates seraient en effet un exemple de liquide de Luttinger à deux dimensions[9]. Parmi les indices expérimentaux, il y a tout d'abord le confinement des charges aux plans $CuO_2$. En effet, l'anisotropie de transport hors plan par rapport à dans le plan $\rho_c/\rho_{ab}$ est nettement supérieure à ce qu'on pourrait attendre d'un calcul de bandes et elle augmente fortement à basse température. La résistivité suivant l'axe c reste d'ailleurs incohérente à toute température dans le régime sous-dopé, alors qu'elle est métallique du côté surdopé[10]. Or on ne peut pas avoir des quasiparticules localisées dans une direction et étendues dans une autre, comme l'a souligné P.W.Anderson. Aussi, la résistivité dans le plan $\rho_{ab}$ varie linéairement en température sur un intervalle très large dans les composés dopés optimalement, et ceci pose problème car dans un liquide de Fermi, on s'attend à une loi en $T^2$ à basse température. De plus, la résistivité résiduelle que l'on extrapole à T=0 est quasi-nulle voire négative, mais ceci n'est pas physique et on peut soupçonner que la résistivité aurait saturé à basse température s'il n'y avait pas de transition supraconductrice. En revanche, l'absence de saturation à très haute température ne constitue pas un argument contre le liquide de Fermi, car elle a aussi été observée dans $Sr_2RuO_4$ qui en est un bon exemple.

D'autres propriétés de transport vont à l'encontre d'un liquide de Fermi. Par exemple, l'effet Hall a une forte dépendance en température alors qu'il devrait être constant dans un métal, puisqu'il est inversement proportionnel au nombre d'électrons. De plus, la magnétorésistance ne suit pas la loi de Kohler qui impose que le rapport $\Delta\rho/\rho H^2$ soit indépendant de la température; par contre on trouve que $\Delta\rho/\rho$ a la dépendance en température de l'angle de Hall[11]. Enfin, un fait expérimental particulièrement frappant est la violation de la loi de Wiedemann-Franz, liant la conductivité thermique électronique à la résistivité de façon universelle, à très basse température: elle n'est visiblement pas vérifiée dans la phase normale de $Pr_{2-x}Ce_xCuO_4$ optimalement dopé[12]. Il reste à savoir si cette loi est aussi violée dans la phase normale des cuprates dopés aux trous.

Il existe plusieurs modèles phénoménologiques pour rendre compte de ces propriétés de transport anormales dans les cuprates en faisant appel à deux temps de vie, avec un certain succès, bien qu'aucun ne fasse l'unanimité. Soit ces deux temps de vie existent indépendamment en chaque point, soit ils sont associés à des portions différentes de la surface de Fermi. Selon P.W.Anderson[9], les deux temps de vie correspondent à une diffusion longitudinale $\tau_H$ ou transverse $\tau_{tr}$ par rapport à la surface de Fermi. Les processus transverses sont prédominants pour la conductivité $\sigma_{xx}$, alors que c'est le produit $\tau_H\tau_{tr}$ qui intervient dans la conductivité de Hall $\sigma_{xy}$. Il en résulte un angle de Hall $\theta_H$ proportionnel à $\tau_H$ et une magnétorésistance $\Delta\rho/\rho$ en $\tau_H^2$. Dans une seconde alternative, on considère que les états de parité différente par rapport à la conjugaison de

11

charge ont des temps de relaxation différents. Les processus rapides dominent alors le courant longitudinal et sont d'une parité donnée, alors que le courant transverse est dominé par les processus lents associés à la parité opposée[14]. On a aussi considéré l'éventualité de deux temps de vie provenant des différentes parties de la surface de Fermi. En effet les zones nodales ou cold spot se distinguent des zones antinodales ou hot spot où la relaxation est rapide du fait de la diffusion par les fluctuations antiferromagnétiques[15].

Cependant, une approche récente remet en cause la considération de deux temps de vie dans le transport. Dans un modèle phénoménologique avec un temps de relaxation unique en $T^2$, mais avec la limite Mott-Ioffe-Regel (correspondant au transport cohérent) qui est atteinte à des températures différentes pour les différentes parties de la surface de Fermi, du fait de l'anisotropie dans le plan, il est visiblement possible d'expliquer l'ensemble des propriétés de transport dans le régime optimallement dopé[2].

Toutes ces propriétés de transport anormales concernent essentiellement le régime sous-dopé et le dopage optimal. Elles s'estompent lorsqu'on est à la limite de la transition supraconducteur-isolant[4],[13]. D'autre part, du côté sur-dopé, le transport devient aussi plus conventionnel[10]. Or, ce qu'il y a de nouveau lorsqu'on entre dans le régime sous-dopé c'est la présence d'un gap dans le spectre d'énergie, appelé le pseudogap, et donc il a été spéculé que c'est le pseudogap qui est à l'origine du comportement non Liquide de Fermi dans les cuprates.

Actuellement, la difficulté essentielle pour savoir s'il s'agit ou non d'un Liquide de Fermi est que l'on a difficilement accès expérimentalement à la phase normale à basse température en appliquant un champ magnétique pour tuer la supraconductivité. Ainsi, par exemple, on a pu déterminer une surface de Fermi grâce aux mesures de photoémission résolue en angle (ARPES)[16], sans qu'on ait réussi à observer des oscillations de Haas-Van Alphen dans aucun cuprate*; contrairement à d'autres systèmes fortement corrélés comme $Sr_2RuO_4$ ou les fermions lourds. Pourtant, dans la phase supraconductrice il existe bel et bien des quasiparticules**, mises en évidence par ARPES[17], ainsi que par la chaleur spécifique[143] et par la conductivité thermique[21]. La question est de savoir si ces quasiparticules sont la condition nécessaire à l'apparition de la supraconductivité ou si elles sont elles-mêmes dues à la supraconductivité.

---

*depuis la soumission de cette thèse, les oscillations quantiques ont été observées dans le magnéto-transport du composé $YBa_2Cu_3O_{6+y}$ dans le régime sous-dopé [153].

**ce sont des quasiparticules au sens de Bogolioubov, à distinguer des quasiparticules de Landau.

## 1.2 Deux Questions Centrales Concernant le Régime Sous-dopé

### 1.2.1 Comprendre le pseudogap

Historiquement, il a été très tôt remarqué qu'un gap s'ouvrait dans les excitations de spin dans la phase normale bien au-dessus de Tc, dans les composés sous-dopés, d'après les mesures de susceptibilité par RMN ou par la diffusion inélastique de neutrons et on l'a appelé le pseudogap. Des mesures de chaleurs spécifiques ont par la suite confirmé qu'il s'agit d'un gap dans la densité d'état. On a pu aussi identifier sa signature dans d'autres proprieties expérimentales, entre autres dans le transport.

Pourtant, il ne s'agit pas d'une transition de phase, au sens thermodynamique. De plus, il y a une grande disparité sur la détermination de T*, non seulement à cause de la limite de résolution propre à chaque technique mais surtout liée au fait que toutes les propriétés considérées ont un comportement très lisse autour de T*, sans rupture de pente, ni discontinuité. Ceci a amené à définir le pseudo-gap non pas comme une température mais plutôt comme une échelle d'énergie caractéristique dans les composés sous-dopés, qui décroît linéairement avec le dopage[22]. Par extension, le mot pseudogap est amené à signifier l'ensemble des propriétés nouvelles, étranges, et très mal comprises à l'heure actuelle, que nous présentons brièvement dans ce paragraphe.

### a) Manifestations expérimentales du pseudogap

Le pseudogap se manifeste dans beaucoup de propriétés de transport comme une déviation par rapport aux lois métalliques. Ainsi, la résistivité $\rho_{ab}$ dévie vers le bas par rapport au comportement linéaire en température, ce qui est une première détermination de la température du pseudogap, $T^*$[10]. La résistivité hors du plan $\rho_c$ devient paradoxalement non-métallique en dessous de la même température. En revanche, le maximum qui se développe dans l'effet Hall n'est pas directement associé au pseudogap, et il n'y a visiblement pas de signature du pseudogap dans la cotangente de l'angle de Hall[23]. Pas de signature non plus dans le pouvoir thermoélectrique[4]. Cependant, on trouve une loi d'échelle pour le coefficient de Hall, $R_H$[24] comme pour le pouvoir thermoélectrique[4], au-dessus de Tc, dans le régime sous-dopé. La température caractéristique ainsi déduite décroît en fonction du dopage et on l'identifie à $T^*$. On a aussi mis en évidence des lois d'échelles régissant la susceptibilité uniforme déduite du Knight Shift d'Yttrium, l'entropie $S(T)$ déduite de la chaleur spécifique, pour lesquelles l'échelle d'énergie caractéristique associée au pseudogap s'annule près d'un dopage critique légèrement surdopé x = 0.19 dans $Y_{1-y}Ca_yBa_2Cu_3O_{7-\delta}$[25]. Une analyse similaire peut être conduite dans $Bi_2Sr_2CaCu_2O_8$ et $La_{2-x}Sr_xCuO_4$ avec un résultat identique. De plus, à ce même dopage, l'énergie de condensation (correspondant au saut de chaleur spécifique) et la densité de superfluide (déterminée par le taux de dépolarisation de muons) passent par un maximum. Ce comportement n'est pas sans rappeler certains fermions lourds où une bulle de supraconductivité apparaît dans le diagramme de phase au niveau d'un point critique quantique entre deux phases magnétiques. La résistivité normalisée sous la forme:

$$\frac{\rho(T) - \rho_0}{\alpha T}$$

montre qu'il y a une remarquable symétrie entre le régime sous-dopé et surdopé par rapport au dopage optimal, ce qui suggère aussi l'existence d'une transition de phase quantique sous-jacente proche du dopage optimal. La particularité du régime de fluctuations associées à un tel point critique est que toute échelle d'énergie autre que la température disparaît du problème.

Une question pertinente est donc comment la ligne de pseudogap se termine dans le diagramme de phase, du côté surdopé. En particulier, il semble y avoir un point où le pseudogap s'annule, correspondant à un point critique quantique (Quantum Critical Point). Mais cette comparaison avec un scénario "QCP" souffre du fait qu'il n'y a visiblement pas de transition de phase associée au pseudogap et pas de paramètre d'ordre non plus*.

Cependant, on a récemment évoqué une éventuelle brisure de symétrie accompagnant l'ouverture du pseudogap. En effet, une étude d'ARPES en lumière polarisée dans des couches minces de $Bi_2Sr_2CaCu_2O_8$ sous-dopée milite en faveur d'une brisure de symétrie par renversement du temps, et montre qu'un tel effet est absent dans un échantillon surdopé[26]. On sait qu'en présence de symétrie par renversement du temps, l'intensité du photocourant résultant d'une lumière incidente polarisée circulairement droite et gauche est la même au niveau d'un plan de symétrie, pour un arrangement géométrique précise où la normale à la surface ainsi que les vecteurs d'onde initial et final sont dans ce même plan. Or dans l'échantillon sous-dopé, on trouve un signal de dichroïsme, correspondant à la différence d'intensité entre les deux polarisations, qui devient non-nul en dessous de 200K environ au niveau de ce plan miroir. L'existence d'une brisure de symétrie signifie qu'il y a bel et bien une transition de phase à T*. Or, les propriétés thermodynamiques et de transport évoluent de façon continue à travers T*, suggérant tout au plus un crossover, avec une énergie caractéristique déterminée à partir des lois d'échelle[22]. Ce paradoxe reste à résoudre.

---

*des mesures aux neutrons ont depuis démontré l'existence d'un paramètre d'ordre de type antiferromagnétique qui serait dû à des courants orbitaux[154].

Mis à part la déviation par rapport aux lois métalliques et l'existence de lois d'échelles, une des particularités du régime de pseudogap est la manifestation de propriétés liées à la supraconductivité à des températures bien au-delà de Tc. La toute première est la photoémission résolue en angle (Angle Resolved Photo Emission Spectroscopy) qui a mis en évidence un gap dans le spectre d'énergie persistant dans la phase normale de $Bi_2Sr_2CaCu_2O_8$ sous-dopé jusqu'à une température T* = 170K, non présent dans un composé surdopé avec une Tc comparable. Il se trouve que ce gap a la même symétrie angulaire, de type onde d, que le gap supraconducteur, avec des maxima en $(\pi,0)$ et $(0,\pi)$ et un noeud en $(\pi,\pi)$ dans le premier quart du zone de Brillouin[27]. Les mesures de microscopie a effet tunnel (Scanning Tunneling Microscopy) [107], autre sonde de la densité d'états, concordent avec la photoémission sur la persistance du gap au-delà de Tc.

Il ne s'agit pourtant pas d'un gap ordinaire au sens où on attendrait une conservation du nombre d'états. L'entropie électronique S(T) déduite de la chaleur spécifique montre qu'il n'y a pas un transfert d'états vers les hautes énergies; la diminution de l'entropie dans la phase normale n'est pas accompagnée par une augmentation à plus haute température[28]. Cette perte d'entropie dans la phase normale s'accentue au fur et à mesure que l'on sous-dope, parallèlement à la diminution de l'énergie de condensation. Or, s'il s'agissait effectivement d'une ouverture de gap liée à une transition de phase, on s'attendrait à avoir une conservation du nombre total d'états. Donc, il y a quelques réserves face à l'assimilation du pseudogap au gap supraconducteur, même s'ils ont tous deux la même symétrie. Son origine reste à élucider.

Une deuxième propriété apparaîssant bien avant la transition supraconductrice est le pic de résonance détecté par les neutrons. En effet, la diffusion inélastique des neutrons a mis en évidence un pic de résonance au vecteur d'onde antiferromagnétique ($\pi,\pi$) dans la branche acoustique, à une énergie de 41meV dans YBa$_2$Cu$_3$O$_{7-\delta}$ optimalement dopé. Cette résonance dans la fonction de corrélation de spin est visiblement associée à la supraconductivité, étant donné que son intensité diminue en présence d'un champ magnétique perpendiculaire, proportionellement à la fraction de volume supraconducteur, à savoir $(1 - \frac{B}{B_{c2}})$[29]. Elle est proéminente dans la phase supraconductrice mais elle apparaît déjà dans la phase normale vers T=150K dans YBa$_2$Cu$_3$O$_{7-\delta}$ sous-dopé, sous forme d'un maximum diffus. La température correspondante a une dépendence décroissante en function du dopage, ce qui a permis de l'identifier au pseudogap[30]. Le pic de résonance et son lien avec la supraconductivité sont longtemps restés sujet de controverses, ce mode collectif a été assimilé par certains au boson médiateur à l'origine de la formation de paires de Cooper[31]. Mais le poids spectral de la résonance est de l'ordre de quelque % de l'intensité totale, ce qui est visiblement trop faible pour être associé à un mécanisme de couplage[32].

Autant l'apparition d'un gap et du pic de résonance dans la phase normale est intriguante, autant leur lien à la supraconductivité reste sujet à débat. Face à ce dilemme, un certain nombre d'expériences révèle la présence de fluctuations supraconductrices au-dessus de Tc. La transmission d'un champ électrique à travers une couche mince de Bi$_2$Sr$_2$CaCu$_2$O$_8$ sous-dopée, dans un intervalle de fréquence intermédiaire entre les micro-ondes et les fréquences optiques, peu exploré jusque-là, a permis de mettre en évidence des fluctuations de phase à des températures supérieures à Tc de 25K au moins[33]. La partie imaginaire de la conductivité complexe, sensible à la contribution des paires de Cooper dans un modèle simple à deux fluides, est proportionnelle à la densité de superfluide et permet d'extraire la température caractéristique de la rigidité de phase T$_\theta$. Les mesures de Corson et al. montre qu'il existe un crossover dans le comportement de T$_\theta$ en fonction de la température d'un régime où elle est quasi-constante et

18

indépendante de la fréquence, caractéristique d'un ordre supraconducteur à grande échelle, vers un régime où elle devient dépendante de la fréquence et tend vers zéro signalant la transition vers l'état normal. Au delà de $T_\theta$, le temps de vie des paires de Cooper est trop court pour donner une signature dans $\sigma(\omega)$ et la supraconductivité semble détruite. La température de crossover ainsi déterminée obéit à la loi $T_\theta = \frac{8}{\pi}T$, en accord avec la transition Kosterlitz-Thouless.

Les mesures d'effet Nernst, ont elles aussi été particulièrement instructive dans ce contexte. L'équipe de N.P.Ong a montré qu'un signal Nernst anormallement grand persiste au-delà de Tc dans le régime de pseudogap, dans trois familles de composés, $La_{2-x}Sr_xCuO_4$, $YBa_2Cu_3O_{7-\delta}$ et $Bi_2Sr_2CuO_6$[34],[35]. Le résultat le plus spectaculaire, c'est que le seuil d'apparition de ce signal anormal est décroissant en fonction du dopage et de l'ordre de grandeur de T*. De plus, les lignes d'effet Nernst constant se déforment continuement dans le diagramme de phase jusqu'à adopter la forme de Tc. Comme les vortex sont une source naturelle d'un tel signal et qu'on peut difficilement attribuer un signal de cet ordre de grandeur à des quasiparticules, on a imaginé qu'il s'agit d'excitations de type vortex, avec une durée de vie courte lorsqu'elles surgissent dans un environnement partiellement cohérent. Ceci dit, l'absence de signature dans la magnétorésistance de ces fluctuations liées à la supraconductivité oblige à la prudence. Aussi, l'exploration systématique de l'effet Nernst du côté très surdopé n'a pas encore été faite et il est crucial de savoir si un domaine de fluctuations aussi étendu persiste dans ce cas-là avant de conclure sur le lien éventuel avec le pseudogap.

Par ailleurs, il a été possible d'observer par microscopie à balayage à SQUID (Superconducting QUantum Interference Device), à champ nul, des domaines diamagnétiques inhomogènes dans des couches minces de $La_{2-x}Sr_xCuO_4$ dopées optimalement, qu'on a identifié comme précurseur de la phase supraconductrice[36]. Ces domaines ont une aimantation typique de l'ordre de quelques dizaines de μT, leur taille pouvant atteindre quelques dizaines de microns, et stables à température constante. Lorsque la température décroît, ils s'élargissent et se recouvrent et il y a une évolution continue jusqu'à l'apparition des vortex en dessous de Tc. La connection entre le diamagnétisme et les vortex n'est pas évidente en absence de cohérence de phase macroscopique mais il a été suggéré que la déformation de ces domaines sous l'influence d'un gradient thermique pourrait être équivalent à un courant de flux magnétique, à l'origine du signal Nernst observé dans le régime du pseudogap.

Pour résumer, on associe couramment au pseudogap les lois d'échelles observées dans la plupart des propriétés thermodynamiques et de transport, même si on n'a pas pu identifier clairement une transition de phase. Parallèlement, un certain nombre d'expériences signale l'apparition de proprieties liées à la formation des paires de Cooper à des températures bien supérieures à Tc dans le régime sous-dopé, comme le gap dans la densité d'états ou le pic de résonance dans la susceptibilité de spin. Il existe aussi plusieurs indices expérimentaux signalant la présence des fluctuations supraconductrices en plus des propriétés étranges par rapport à un métal ordinaire. La contribution de ces fluctuations à l'élargissement de la transition supraconductrice a été mise en évidence dans la conductivité THz. Les fluctuations de phase se manifestent aussi dans l'effet Nernst ou encore sous forme de domains diamagnétiques précurseurs au-dessus de Tc.

b) Origine possible du pseudogap

Une des questions-clés dans la résolution de cette énigme est donc de savoir si la phase normale peut être un précurseur de la phase supraconductrice. C'est une discussion sur l'origine du pseudogap que nous tentons ici, à la lumière de quelques développements récents.

Suite aux premiers résultats sur le pseudogap, la théorie RVB a attribute le pseudogap à la formation de paires de spinons. Il ne conduit donc pas directement à la supraconductivité, qui, elle, résulte d'une recombinaison de spinons et holons en électrons suite à la condensation Bose-Einstein des holons. L'échelle d'énergie du pseudogap est fixée par le couplage d'échange antiferromagnétique. La difficulté est qu'il est apparu par la suite que le pseudogap n'est pas simplement un gap de spin mais concerne aussi les degrés de libertés de charge, comme l'indique le rapport de Wilson*, proche de 2, établi expérimentalement[4]. Une approche alternative à la séparation spin-charge a été proposée en terme de paires préformées. Il se trouve que la rigidité de phase est anormalement faible comparé aux supraconducteurs conventionnels du fait de la faible densité de superfluide ($n_s$) dans ces isolants de Mott dopés[37]. Cette rigidité peut être considérée comme une quantité liée à la robustesse de la supraconductivité vis-à-vis des variations de phase. Ainsi, les fluctuations de phase sont d'autant plus importantes que le rapport $\frac{n_s}{T_c}$ est faible. Une autre façon de considérer le problème est de comparer la taille caractéristique d'une paire de Cooper (ou encore la longueur de coherence, $\xi$) à la distance $d$ entre les paires. Dans un supraconducteur conventionnel, $\xi$ est supérieure à $d$ ce qui signifie que

---

*Ce rapport entre la susceptibilité magnétique et le coefficient de chaleur spécifique vaut universellement 2 dans un liquide de Fermi.

les paires se superposent, alors que dans les cuprates $\xi$ est de l'ordre de $d$ et il est moins coûteux en énergie de créer des variations de phase entre elles.

Dans le régime sous-dopé, Tc serait limitée par $T_\theta$, température à laquelle les fluctuations de phase détruisent la supraconductivité, par opposition au régime surdopé où elle est déterminée par la température où les paires se cassent et l'amplitude du paramètre d'ordre s'annule. Les travaux pionniers de Uemura et al. avaient en effet permis d'établir une relation universelle entre Tc et le rapport de la densité superfluide à la masse effective, $\frac{n_s}{m^*}$, dans plusieurs familles de composés, à partir des mesures de résonance de spin de muons ($\mu$SR) dans le régime sous-dopé[38]. Il en est apparu l'idée selon laquelle les paires de Cooper seraient préformées dans la phase normale (d'où la suppression des excitations de basse énergie) mais elles n'acquiereraient une cohérence de phase macroscopique qu'en dessous de Tc. Mais il semble que l'excitation thermique des quasiparticules nodales soit plus efficace pour la destruction de la supraconductivité dans un système d'onde $d$, même si ceci contribue largement à diminuer la densité de superfluide et favoriser les fluctuations de phase[39]. Cette idée de paires préformées, qui n'est pas sans rappeler la transition Kosterlitz-Thouless dans les supraconducteurs bidimensionnels, a été reprise par la suite dans plusieurs modèles, notamment dans les scénarios d'une condensation Bose-Einstein. Par exemple, Chen et al. prétendent qu'une transition de type BSC évolue vers une condensation Bose-Einstein de paires préformées sous l'influence d'un couplage de plus en plus fort lorsqu'on diminue le dopage[40]. Une autre vision est celle de Geishkenbein et al. qui supposent que les fermions dans les régions antinodales, proche de singularité de Van Hove, sont appariés en boson d'où l'apparition d'un gap de symétrie onde $d$ dans la phase normale[129]. A la différence d'une condensation Bose-Einstein, pour laquelle c'est la faible longueur de cohérence qui est en jeu, l'accent est mis sur la faible rigidité de phase dans une transition Kosterlitz-Thouless. La cohérence macroscopique est alors assurée par la formation de paires vortex-antivortex dans la phase supraconductrice. La transition elle-même est provoquée par la brisure de ces paires sous l'effet des fluctuations thermiques. Elle est du premier ordre, caractérisée par un saut universel dans la densité de superfluide, pour un superfluide non chargé comme un film d'He[42]. On constate donc qu'il n'y a pas un mais plusieurs modèles de paires préformées.

La transition supraconductrice dans les cuprates correspond-elle à une transition Kosterlitz-Thouless? Cette question a intrigué les chercheurs dès la découverte de la supraconductivité dans les cuprates et le débat est loin d'être clos. Avec une longueur de cohérence $\xi$ plus petite que la distance entre les plans $CuO_2$, les cuprates semblaient être l'exemple meme du supraconducteur bidimensionnel, candidat naturel pour une telle transition.

Une étude détaillée de la résistivité près de Tc dans des monocristaux de $YBa_2Cu_3O_{7-\delta}$ et $Bi_2Sr_2CaCu_2O_8$ avait alors confirmé sa validité dans le cas des cuprates même si d'autres effets comme la paraconductivité d'Aslamasov-Larkin s'y ajouteraient[43],[44]. Mais il s'agissait alors d'échantillons optimalement dopés et le régime de fluctuations ainsi mis en évidence était plutôt étroit. On aurait pu donc penser que la prolifération de vortex libre au-delà de Tc est à l'origine de la perte de cohérence de phase et la destruction de la supraconductivité, conformément à l'idée de Kosterlitz-Thouless.

Cependant, il y a plusieurs limites à cette approche tant théoriques qu'expérimentales. Tout d'abord, le saut abrupt de densité de superfluide prédit pour un système strictement bidimensionnel n'a jamais été observé. Au contraire, la longueur de penetration varie linéairement en température près de Tc. Il est tentant de penser qu'un tel saut serait élargi du fait de la tendance à une supraconductivité tridimensionnelle. Dans un deuxième temps, la critique généralement adressée aux scenarios de condensation Bose-Einstein(BEC) est l'absence d'un régime de fluctuations large qui leur serait normalement associé. Au contraire, la transition supraconductrice à Tc semble paradoxalement être de type champ moyen. Ce problème concerne aussi bien le modèle RVB que certains modèles de paires préformées. D'un autre côté, P.Lee souligne qu'il est nécessaire de faire appel à une phase autre que la supraconductivité dans le régime de pseudogap afin d'avoir des vortex peu coûteux en énergie et qui proliféreraient au-delà de Tc. Il propose ainsi la vision alternative de "phase de flux" (flux phase), dans une version SU(2) de la théorie RVB. Cette phase serait caractérisée par des courants orbitaux avec un flux magnétique associé sur chaque plaquette dans les plans $CuO_2$ [45].

Du point de vue expérimental, l'inhomogénéité détectée par STM dans la phase supraconductrice va a priori à l'encontre de l'idée d'un pseudogap précurseur de la phase supraconductrice. On a effectivement observé que $Bi_2Sr_2CaCu_2O_8$ sous-dopé a une structure électronique granulaire à basses températures[46],[47]. Les régions où il y a un spectre de type BSC, avec un gap et les deux pics de cohérence, forment une mosaïque avec celles où le gap persiste mais sans les pics de quasiparticules, spectre caractéristique du pseudogap. De plus, en présence des atomes de Ni, il se forme des états resonant dans le gap, exclusivement pour les régions supraconductrices[47]. Ainsi, on a mis en évidence la coexistence microscopique à basse température de deux phases physiquement distinctes: la supraconductivité et la phase associée au pseudogap. Ceci laisse penser que le pseudogap est une caractéristique de la phase normale sous-jacente et qu'il y a deux phases distinctes plutôt qu'une phase précurseur de l'autre. La découverte d'un gap dans le coeur de vortex va dans le même sens, même si c'est peut-être simpliste de l'associer au pseudogap.(§2.3) A première vue, ces résultats posent problème pour l'idée de paires préformées mais il faut

24

noter que ce n'est pas complètement en désaccord avec les modèles de condensation Bose-Einstein, qui l'attribuent tout simplement à la présence de paires non-condensées en dessous de Tc. Cependant, il n'est pas clair pourquoi toutes les paires ne participent pas au condensat dans ces modèles.

Enfin, l'évolution sous champ magnétique du pseudogap va également à l'encontre des paires préformées car cela montre que l'effet de spin l'emporte sur l'effet orbital. Ainsi, d'après les mesures de résistivité suivant l'axe c, $\rho_c(T)$, sous un champ pulsé de 60T, on a pu déterminer un champ $H_{pg}$, qui est celui où le pseudogap se ferme, en extrapolant à zéro la composante non métallique de $\rho_c$. Ce champ caractéristique est décroissant en fonction du dopage lorsqu'on va vers le régime surdopé. Ceci rappelle bien sûr le comportement de T*, et on a pu établir une loi empirique:

$$g\mu_B H = k_B T^*$$

ce qui signifie que le pseudogap se ferme par découplage Zeeman à haut champ[48]. Ceci indique en tout cas qu'on a des états singulets de spin dans le régime de pseudogap qui seraient détruits par le champ. Ce résultat est d'autant plus important que les mesures de RMN à haut champ dans des composés sous-dopés n'ont pas pu établir clairement pour l'instant, si le pseudogap décroît en fonction de champ ou s'il en est indépendant. Ceci dit, nous nous demandons si l'emploi de haut champ magnétique est la meilleure façon de distinguer entre les deux origines possibles du pseudogap, entre les paires préformées d'un côté et les scénarios de séparation spin-charge de l'autre. Vu les faibles longueurs de cohérence, il nous semble tout à fait concevable que la limite de Pauli sera atteinte avant la brisure des paires due à l'effet orbital, comme dans certains supraconducteurs organiques.

On voit ainsi qu'une question importante pour l'origine du pseudogap est la nature même de la transition supraconductrice: s'agit-il d'une transition Kosterlitz-Thouless, d'une condensation Bose-Einstein? Il semble que le problème de l'origine du pseudogap et celui du mécanisme microscopique de la supraconductivité sont intimement liés et que l'on ne comprendra pas l'un sans avoir compris l'autre.

Pour conclure, notons que l'idée de paires préformées, même si elle permet une voie simple pour expliquer un certain nombre d'anomalies au-dessus de Tc, n'est pas compatible avec d'autres. Néanmoins, nous gardons présent à l'esprit l'existence des fluctuations supraconductrices dans la phase normale, même si leur identification comme origine du pseudogap paraît abusive. Plutôt qu'une transition de phase, le pseudogap est donc un régime où les fluctuations prédominent, qu'elles soient supraconductrices, associées aux courants orbitaux ou encore au régime critique à l'approche d'une transition de phase quantique. Leur identification reste un défi.

### 1.2.2 Comprendre la Transition Supraconducteur-Isolant

#### a) Cas des supraconducteurs conventionnels

On a longtemps considéré que l'état métallique ne survit pas à deux dimensions à température nulle. La présence du désordre dans un système dilué à deux dimensions et sans interaction induit une localisation des porteurs de charge et la résistivité tend à l'infini à température nulle, suivant une loi logarithmique s'il s'agit de localization faible, ou bien exponentiellement dans le régime de localisation forte (théorie de P.W.Anderson). Dans la limite opposée d'un gaz d'électrons fortement corrélés, il se forme à température nulle un cristal de Wigner dans un système ultra-pur. Plus couramment on obtient un isolant, appelé isolant de Mott, dans lequel la répulsion coulombienne rend la mobilité nulle même si la bande d'énergie n'est pas pleine. Il est généralement admis qu'une transition vers un état normal isolant a lieu dans des couches minces supraconductrices à très basse température lorsque l'épaisseur devient très faible. Comme exemple de système étudié dans les vingt dernières années, on peut citer les films de MoGe, InOx, Bi, Pb, Ga, Al. La supraconductivité dans ces systèmes bidimensionnels peut être détruite sous l'action du champ magnétique, du désordre croissant, ou de la densité de porteurs décroissante[49].

S'agit-il d'une transition métal-isolant sous-jacent, c'est à dire les paires de Cooper se cassent et les électrons sont localisés ou est-ce plutôt une localisation des paires de Cooper elles-mêmes? Dans une approche qui accorde un rôle privilégié aux fluctuations de phase du paramètre d'ordre, M.P.A.Fisher a proposé un modèle où les vortex et les paires de Cooper sont traités comme dual l'un de l'autre[50]. La phase isolante apparaît comme un condensat de vortex avec des paires de Cooper localisées alors que la phase supraconductrice est un condensat de paires de Cooper avec des vortex localisés. La dualité vient du fait que le problème de vortex peut se ramener à celui d'un gaz de bosons à deux dimensions[73] et que les paires de Cooper sont elles-mêmes traitées comme des bosons. Le modèle de Fisher est une version quantique de la transition Kosterlitz-Thouless en quelque sorte, où un désordre homogène tend à briser les paires vortex-antivortex à la transition, par analogie à l'effet de fluctuations thermiques dans la description de Kosterlitz-Thouless. Cette description peut aussi être étendue au cas où la transition est induite par le champ magnétique.

Le diagramme de phase correspondant est tridimensionnel avec un troisième axe pour le paramètre $\Delta$, décrivant le désordre, en plus des axes habituels pour la température T et le champ magnétique B[50]. Le modèle de Fisher décrit justement la ligne de transition dans le plan (B,$\Delta$). Il prévoit des lois d'échelle pour $\rho_{xx}$ et $\rho_{xy}$. De plus, la résistance devrait prendre une valeur universelle à la transition, correspondant à $h/4e^2$, à température nulle, qu'elle soit induite par le champ ou par le désordre.

Or il ne faut pas confondre la transition supraconducteur-isolant à champ fini avec celle à champ nul du fait que la phase supraconductrice en presence de vortex n'est pas équivalente à la phase Meissner. La transition sous champ magnétique s'apparente plutôt à une fusion de verre de vortex dû au fait que les vortex deviennent piégés en présence de désordre. L'idée de dualité avait initiallement été développée pour la transition supraconducteur-isolant sous l'effet du désordre et par la suite étendue à la transition sous champ en postulant que ces deux-là sont équivalentes. Dans un modèle voisin basé sur les fluctuations quantiques[51], R.Ikeda montre que ce n'est que dans la limite "sale" (dirty limit) que l'on retrouve la valeur universelle de la résistance critique predate par M.P.A.Fisher mais qu'en général cette résistance dépend de la force de répulsion entre électrons.

La signature expérimentale à température finie de cette transition de phase quantique est donc l'existence de lois d'échelle pour la résistance en fonction de la température et d'un des paramètres cités ci-dessus, ainsi que d'exposants critiques associés. Les résultats des couches de $InO_x$ comme de MoGe sont en bon accord avec le modèle de M.P.A.Fisher en particulier en ce qui concerne les exposants critiques. D'un autre côté, la composante de Hall $R_{xy}$ diverge à basse température de façon similaire à $R_{xx}$, comme prévu par le modèle de M.P.A.Fisher et a elle aussi un champ critique défini comme le point de croisement des courbes à différentes températures, mais avec une valeur supérieure à $B_{xx}^{cr}$, et non universelle[52]. Le régime intermédiaire $B_{xx}^{cr} < B < B_{xy}^{cr}$ a justement été interprété comme l'isolant de paires de Cooper, avec une résistance plus grande que la phase à $B > B_{xy}^{cr}$, qui correspondrait à un isolant électronique lorsque les paires de Cooper se cassent. Un autre résultat en faveur du modèle de Fisher est la magnétorésistance positive et linéaire en champ dans des couches minces de Bi, qui a été attribuée à la présence de vortex dans la phase isolante[53].

Cependant, les mesures d'effet tunnel n'ont jusqu'à présent pas détecté de gap supraconducteur qui persisterait dans la phase isolante, ce qui serait aussi une conséquence naturelle de l'approche par dualité. D'autre part, une etude récente sur les couches amorphes de Bi sur Ge montre qu'on ne trouve pas les mêmes valeurs d'exposants critiques suivant que l'on fasse varier le champ magnétique ou l'épaisseur de couche, que la résistance critique est supérieure à la valeur universelle et dépend même légèrement de la température[49].

Actuellement, il reste à comprendre le rôle éventuel de l'inhomogénéité ainsi que la présence d'une phase métallique intermédiaire observée dans certains cas. Le modèle de M.P.A.Fisher comme la théorie de localisation de Anderson suppose un désordre homogène mais expérimentalement, en réduisant l'épaisseur de couche, on finit par atteindre le seuil de percolation et on a un supraconducteur granulaire. L'étude de couches minces de NbN/BN, dans lesquelles on a des grains de NbN supraconducteurs insérés dans une matrice isolante BN, et où on fait varier la fraction de volume des deux matériaux à épaisseur de couche constante, a été très instructive dans ce contexte[54]. Dans les couches non supraconductrices, la résistance suit une loi exponentielle en température quoique différente de la loi Variable Range Hopping (VRH) pour la localisation forte. Mais celles qui sont supraconductrices sont encore plus surprenantes: on y observe une divergence logarithmique de la température ambiante jusqu'à Tc alors qu'on est clairement au-delà du régime de localisation faible. De plus, cette dépendance logarithmique persiste meme à haut champ magnétique lorsqu'il n'y a plus de traces de supraconductivité macroscopique.

Malgré l'idée reçue selon laquelle l'état fondamental d'un système à deux dimensions ne peut pas être métallique, on a expérimentalement mis en évidence une phase métallique dans les MOSFET de Si[55] comme dans les jonctions tunnel à base de Be[56]. On a aussi observé que l'application d'un champ magnétique détruit cette phase métallique, au profit de la phase isolante. Cela a amené certains à envisager la formation de paires de Cooper comme une possible explication, étant donné la ressemblance avec la transition supraconducteur-isolant, avec notamment l'existence de champ critique et le fait que le champ magnétique dans les deux cas tend à diminuer la conductivité. Cependant une résistance strictement nulle n'a jamais été reportée et l'observation d'une magnétorésistance parfois négative va à l'encontre de la supraconductivité[55]. Cette phase reste donc assez mal comprise à l'heure actuelle.

Nous avons ainsi donné un bref aperçu de l'état actuel de nos connaissances sur la transition supraconducteur-isolant, en mettant l'accent sur la localisation de paires de Cooper. Nous avons montré qu'il est partiellement en accord avec les résultats expérimentaux dans les supraconducteurs conventionnels. La découverte récente d'une phase métallique à deux dimensions a par ailleurs relancé le débat sur cette transition supraconducteur-isolant.

b) Cas des cuprates

La localisation observée dans le régime sous-dopés des cuprates se situe au carrefour de deux phénomènes: s'agit-il d'une transition de Mott ou d'une localisation de paires de Cooper? Il a été expérimentalement vérifié que la transition supraconducteur-isolant dans les cuprates est provoquée par la diminution de la densité de porteurs de charge, par l'augmentation du désordre ou encore par application d'un champ magnétique suffisament grand, tout comme celle observée dans les supraconducteurs conventionnels. Nous allons passer en revue les principaux résultats avant de nous demander si ces trois processus sont effectivement équivalents. Ce faisant, nous essayerons de faire le rapprochement avec le cas conventionnel précédemment exposé. Enfin nous présenterons brièvement les questions ouvertes en rapport avec cette transition supraconducteur-isolant.

c) Comment devenir isolant?

- Cas de la faible densité de porteurs

La phase isolante antiferromagnétique se trouve du côté sous-dopé dans le diagramme de phase. On peut donc diminuer la densité de porteurs en variant le dopage de façon contrôlée et provoquer une transition supraconducteur-isolant. Ainsi, dans les cristaux très sous-dopés de $YBa_2Cu_3O_y$, la supraconductivité disparaît en dessous de $y=6.3$ au profit d'un comportement isolant de la résistivité[57]. Ceci correspond à une concentration critique de $3.10^{20}cm^{-3}$. Pour $La_{2-x}Sr_xCuO_4$, cette limite est à $x=0.05$, sans ambiguïté[58]. Pour $Bi_2Sr_{2-x}La_xCuO_{6+y}$, elle est à $y=0.06$ environ[59]. De plus, les valeurs de résistivité à Tc, $\rho(Tc)$ dans $YBa_2Cu_3O_{7-\delta}$ sont en bon accord avec celles prédites par le modèle de mauvais métaux [60], ce qui suggère que les fluctuations quantiques jouent un rôle important dans les composés très sous-dopés.

- Cas du désordre croissant

On peut aussi procéder au dopage au Zn pour étudier la transition supraconducteur-isolant induite par le désordre. En effet, il est bien connu que Zn se substitue au Cu dans les plans $CuO_2$ et cela résulte en une rapide diminution de Tc. Cette suppression de Tc est liée de façon universelle à l'augmentation de résistivité résiduelle due au dopage au Zn, dans les composés qui sont initiallement sous-dopés, dans le cas de $La_{2-x}Sr_xCuO_4$ tout comme $YBa_2Cu_3O_{7-\delta}$, contrairement à ceux surdopés ou optimalement dopés[61]. Aussi, il est remarquable qu'on trouve dans ces composés une valeur critique de résistance par plan $CuO_2$ proche de la valeur universelle rapportée pour les couches minces de supraconducteurs conventionels. On trouve également la même résistivité critique avec le dopage au Zn dans $Bi_2Sr_{2-x}La_xCuO_{6+y}$ [62]. Ce qu'il y a d'original c'est qu'on a mis en évidence une phase métallique intermédiaire dans $La_{2-x}Sr_xCuO_4$ dopé au Zn[63]. On ignore à present si une telle phase existe universellement dans tous les cuprates, voire dans toute transition supraconducteur-isolant. Il n'y a apparemment pas l'équivalent pour $YBa_2Cu_3O_{7-\delta}$ et $Bi_2Sr_{2-x}La_xCuO_{6+y}$ dopé au Zn, mais on peut faire le rapprochement avec la phase métallique exotique observée dans les MOSFET de Si. Il se peut que le dopage au Zn soit abusivement associé à une simple augmentation du désordre. On sait d'après les mesures de resonance magnétique nucléaire (RMN)[64] qu'il y a un moment magnétique, induit localement autour de l'atome de Zn dans le plan $CuO_2$, à l'origine d'un effet Kondo. Ceci expliquerait également la magnétorésistance negative observée[62].

- Cas du fort champ magnétique

On peut enfin détruire la supraconductivité et atteindre la phase isolante en appliquant un champ magnétique élevé. Il y a une dizaine d'années, une étude sur un monocristal de $YBa_2Cu_3O_{6.38}$ était en accord avec la théorie de Fisher de localisation de paire de Cooper[65]. Il s'agissait d'un monocristal avec un Tc de 2.1K, très sous-dopé, et que l'on a volontairement désordonné en oxygène en faisant une trempe, pour lequel un champ de 8.4T était suffisant pour tuer complètement la supraconductivité. On a trouvé que la résistance par plan suit une loi d'échelle en fonction de H et T très similaire au cas des couches minces de $InO_x$. Pourtant, l'étude plus récente sur des films minces de $La_{2-x}Sr_xCuO_4$

avec x=0.048 et 0.051, également à la limite de la phase isolante, aboutit à une toute autre conclusion. Tout d'abord, il n'y a pas de champ critique pour lequel la résistivité à basse température deviant constante. D'autre part, on peut effectivement mettre en evidence une loi d'échelle dans la partie remontante de $\rho(T)$ précédant la transition supraconductrice, mais la température caractéristique $T_0(B)$ ainsi déduite s'annule à un champ fini. Or, elle est inversement proportionnelle à la longueur de localisation, par analogie aux systèmes désordonnés. Ceci signifie que l'état normal à champ nul peut très bien être métallique et que le champ ne détruit pas simplement la supraconductivité mais induit lui-même la localisation[66],[67]. Face à cela, l'argument principal de ceux qui prétendent qu'il y a continuité entre l'état normal sous champ et à champ nul, est de souligner que la magnétorésistance dans la phase normale, par référence à celle à haute température, est très faible. La question de savoir si la phase isolante à haut champ reflète bien la nature de la phase normale, masquée par la supraconductivité à champ nul, reste ouverte.

Mais on peut à juste titre se demander si la transition supraconducteur-isolant est effectivement induite par le champ dans ces deux exemples-là, étant donné que les échantillons sont initialement à la limite de la transition, du fait de la faible densité de porteurs ou du désordre. Une étude sur une gamme de dopage plus large, de la résistivité en function du champ, jusqu'à 60T, dans des monocristaux de $La_{2-x}Sr_xCuO_4$, a permis d'établir de façon spectaculaire que la phase normale émergente, lorsque la supraconductivité est détruite, est isolante jusqu'au dopage optimal et c'est seulement au-delà, dans le régime surdopé, que l'on trouve une phase normale métallique[68].

d) Les trois processus observés sont-ils équivalents?

Au vu de tous ces résultats, on est en droit de se demander si les trois processus décrits ci-dessus sont équivalents. Par exemple, dans quelle mesure la valeur de la résistance critique est universelle? La valeur de la résistivité $\rho_{ab}$ à la transition S-I pour $YBa_2Cu_3O_{7-\delta}$ est de $0.8m\Omega.cm$, dans le cas de densité de porteurs décroissant[57],ce qui est deux fois supérieur à la résistivité critique universelle, observée dans le cas du fort champ magnétique[65]. La valeur de la résistivité critique à la transition contrôlée par dopage est $1.1m\Omega.cm$ dans $Bi_2Sr_{2x}La_xCuO_{6+y}$, encore une fois supérieure à la valeur universelle. Quant à $La_{2-x}Sr_xCuO_4$, on trouve bien la valeur universelle pour la transition induite par substitution au $Zn$[61] et par application de champ magnétique[68] mais pas en réduisant la densité de porteurs*[128]. Visiblement, l'universalité de la résistance critique au seuil de la phase isolante n'est pas plus respectée dans les cuprates que dans les supraconducteurs conventionnels.

D'autre part, quelle est la dépendance en température de la résistivité dans le régime de localisation? On observe une loi $\rho(T) = \log\left(\frac{1}{T}\right)$ sur environ une décade, sans saturation apparente, dans la limite des très basses températures, une fois que la supraconductivité est détruite sous champ dans $La_{2-x}Sr_xCuO_4$ [69]. Elle est aussi présente dans $Bi_2Sr_{2-x}La_xCuO_{6+y}$ sous un champ de 60T sur un intervalle assez large en température, entre 0.3K et 30K[62]. On trouve encore une fois cette divergence logarithmique pour $YBa_2Cu_3O_{7-\delta}$ dans le cas où la transition est induite par la diminution du nombre de porteurs[57].

*Nos résultats sur $La_{1.92}Sr_{0.08}CuO_4$ à 26T sont en accord avec ceux de Y.Ando et al.[68]

Cependant, cette loi est seulement observée du côté supraconducteur de cette transition, et il semble y avoir un crossover vers un régime de localisation forte dans les composés les plus sous-dopés. Rappelons que la localisation forte se traduit par une loi d'activation en $\rho(T) = \exp(\frac{1}{T^{1/4}})$. C'est le cas des échantillons La$_{2-x}$Sr$_x$CuO$_4$ $x$=0.048 et 0.051 rendus isolants sous champ magnétique[66]. On l'observe par ailleurs à champ nul dans les échantillons La$_{2-x}$Sr$_x$CuO$_4$ très sous-dopés, non-supraconducteur, ainsi que dans les couches de Bi$_2$Sr$_{2x}$La$_x$CuO$_{6+y}$ traitées en oxygène de façon à les rendre complètement isolantes[59].

e) Questions ouvertes concernant la transition supraconducteur-isolant dans les cuprates :

L'origine de la loi logarithmique en température de la résistivité dans le régime de localisation est mal comprise à l'heure actuelle. Autrement dit, on ignore la nature de la phase isolante, qu'elle soit atteinte en augmentant le champ ou le désordre ou bien en diminuant la densité de porteurs. Ce comportement est peut-être à rapprocher de celui observé dans les couches de NbN cité précédemment[54]. L'évocation de la localisation faible ne suffit pas à expliquer cette loi. La théorie de localisation faible à 2D prévoit effectivement une dependence logarithmique mais la phase supraconductrice des cuprates, bien qu'anisotrope, reste tridimensionnelle et ce comportement logarithmique concerne aussi bien $\rho_{ab}$ que $\rho_c$. D'autre part, elle prévoit aussi une magnétorésistance négative, puisque le champ a tendance à détruire la cohérence de phase et à diminuer ainsi la diffusion inverse (backscattering). Or expérimentalement on trouve une magnétorésistance transverse positive dans le plan ab dans certains cas[67], négative dans d'autres[70]. Le taux de déphasage que l'on déduit dans le régime où la magnétorésistance est négative n'est pas simplement linéaire en température comme on l'observe dans les métaux désordonnés[71]. De plus, cette magnétorésistance négative est isotrope, ce qui signifie que c'est un effet lié au spin et non orbital[72]. Or on ne s'attend pas à avoir un effet de type Kondo à des champs magnétiques aussi grand que 60T. Une étude expérimentale plus systématique du magnétotransport dans le régime de localisation se révèle nécessaire. Par ailleurs, on ne comprend pas pour le moment pourquoi l'anisotropie de transport a un comportement non-universel dans le régime de localisation. En effet, l'anisotropie $\rho_c/\rho_{ab}$ a une variation en température non trivial et dépend du type d'échantillon. Elle devient quasi constante une fois que la localisation se manifeste dans la limite de la température nulle, pour $La_{2-x}Sr_xCuO_4$, mais elle est décroissante dans le cas de $Bi_2Sr_{2-x}La_xCuO_{6+y}$. Pour $YBa_2Cu_3O_{7-\delta}$, elle augmente, sature puis décroît lorsque la température baisse dans la phase isolante, contrairement aux échantillons supraconducteurs où elle augmente de façon monotone. Toujours est-il que la localisation se manifeste à la fois dans $\rho_{ab}$ et dans $\rho_c$, quoiqu'à partir de températures différentes. Rappelons que dans le régime sous-dopé, le contraste entre le transport métallique dans le plan et isolant hors du plan, à champ nul, est généralement considéré comme une signature d'une phase normale non liquide de Fermi. Donc cette anomalie disparaît à l'approche de la phase isolante.

Enfin, un autre mytère est le lien éventuel entre le pseudogap et la localisation, observés tous les deux dans les échantillons sous-dopés. S'agit-il de deux phénomènes indépendants qui coïncident dans la même gamme de dopage ou sont-ils intimement liés? L'évolution sous champ magnétique dans $La_{2-x}Sr_xCuO_4$ suggère que la localisation s'étend jusqu'au dopage optimal, ce qui avait d'abord laissé penser qu'il y a un lien entre la localisation et le pseudogap. La même chose est valable pour $Pr_{2-x}Ce_xCuO_4$, mais il se trouve que ce crossover métal-isolant n'est pas associé avec le dopage optimal de façon universelle. Effectivement, dans $Bi_2Sr_{2-x}La_xCuO_{6+y}$, il a lieu bel et bien dans le régime sous-dopé. La comparaison systématique de l'effet Hall dans ce système avec celui pour $La_{2-x}Sr_xCuO_4$ laisse peu de doute sur le dopage[69]. De plus, par reduction du nombre de porteurs on obtient le même résultat que par application de fort champ magnétique[59]. Cette même étude montre aussi qu'il y a deux températures indépendantes dans le régime de pseudogap, une première qui marque l'ouverture précisément du pseudogap, et une seconde où la localization commence[59]. Il n'y a pas d'indice expérimental clair à notre connaissance qui suggèrerait un lien profond entre les deux phénomènes.

Nous avons présenté la transition supraconducteur-isolant dans les cuprates. Nous avons montré que l'accord avec le modèle de Fisher est encore une fois partiel. Nous avons ensuite abordé les questions de la loi logarithmique, de l'anisotropie et du lien avec le pseudogap. Mais nous avons complètement ignoré l'antiferromagnétisme associée à la phase isolante. Or on peut légitimement se demander si celle-ci a une influence, puisque les cuprates sont l'exemple même d'isolant de Mott antiferromagnétique dopé. Notons que de fortes corrélations antiferromagnétiques persistent dans la phase supraconductrice et que la mobilité des porteurs de charges dans les composés très sous-dopés en dépend directement. On peut donc s'attendre à ce que la transition supraconducteur-isolant elle-même soit affectée.

Chapitre 2

L'Originalité des Vortex dans les Cuprates

Un vortex est à la fois un quantum de flux magnétique écranté par des courants supraconducteurs, un coeur à l'état normal possédant un excès d'entropie par rapport à son environnement, et un défaut topologique pour la phase du paramètre d'ordre, qui varie de $2\pi$ lors d'un tour complet autour du vortex. Il est décrit par deux longueurs caractéristiques: la longueur de cohérence $\xi$ et la longueur de pénétration $\lambda$. Un vortex en mouvement crée un champ électrique via la relation de Josephson $E = v \times B$, il en résulte une dissipation d'énergie.

La matière de vortex est un exemple de problème statistique fascinant où la compétition entre l'énergie élastique et l'énergie thermique, en présence de désordre, donne naissance à un diagramme de phase riche et ce plus particulièrement dans le cas des cuprates où une Tc élevée combinée à une petite longueur de cohérence et une forte anisotropie rendent le système sujet à de fortes fluctuations[73].

Enfin, sur le plan microscopique l'approche hydrodynamique adoptée pour décrire le mouvement de vortex repose sur un transfert d'impulsions entre le système de vortex et les quasiparticules. L'approximation sous-jacente consiste à négliger les effets collectifs associés au piégeage.

## 2.1 Le Diagramme de Phase

Les systèmes les plus étudiés pour la détermination du diagramme de phase des vortex est $YBa_2Cu_3O_{7-\delta}$ et $Bi_2Sr_2CaCu_2O_8$ du fait de la bonne qualité des échantillons disponibles. L'anisotropie entre le plan ab et l'axe c étant plus grande dans $Bi_2Sr_2CaCu_2O_8$ que dans $YBa_2Cu_3O_{7-\delta}$, on pense que les vortex sont quasi-bidimensionnels avec des coeurs à l'état normal dans les plans $CuO_2$ et un faible couplage Josephson entre les plans.

Trois phases constituent le diagramme de phase (H,T) des cuprates : le verre de Bragg, le verre de vortex et le liquide de vortex.

- Verre de Bragg

On pense que c'est la phase thermodynamiquement stable à basse température et faible désordre. Elle est caractérisée par un quasi-ordre à grande distance avec des pics de Bragg toujours présents mais don't l'intensité diverge comme une loi de puissance, ainsi que par un ordre topologique parfait, c'est-à-dire sans dislocations[74]. La diffusion de neutrons dans un supraconducteur classique et isotrope $(K,Ba)BiO_3$ a largement contribué à prouver l'existence d'une telle phase[75]. En effet, l'intensité intégrée en angle autour d'un pic de Bragg suit une loi de puissance et elle décroît sans s'élargir lorsqu'on augmente le champ magnétique, conformément à la prédiction théorique.

- Verre de vortex

Il s'agit d'une phase amorphe où l'ordre à grande distance est détruit, signalée par la disparition des pics de Bragg, avec en plus une dynamique vitreuse, ce qui est une source de complication du point de vue expérimental. Les temps caractéristiques devenant extrêmement lents, il faut recourir à des artifices comme l'application d'un champ transverse alternatif ou encore d'un gradient thermique oscillant pour dépiéger les vortex et atteindre l'équilibre thermodynamique.

- Liquide de Vortex

L'essentiel du diagramme de phase est constitué par le liquide de vortex. Dans ce régime dominé par les fluctuations thermiques, la caractéristique I-V est linéaire, ce qui signifie un comportement ohmique. De plus, l'aimantation associée est parfaitement réversible, et suit une loi d'échelle en accord avec le modèle XY à 3D[76]. Les vortex ne sont alors pas piégés par les défauts, et c'est essentiellement dans ce régime que l'on observe l'effet Nernst. Il n'est généralement pas observé dans les supraconducteurs classiques car il est réduit à une région trop proche de la transition thermodynamique, d'où l'intérêt que représentent les cuprates pour l'étude de la dynamique des vortex.

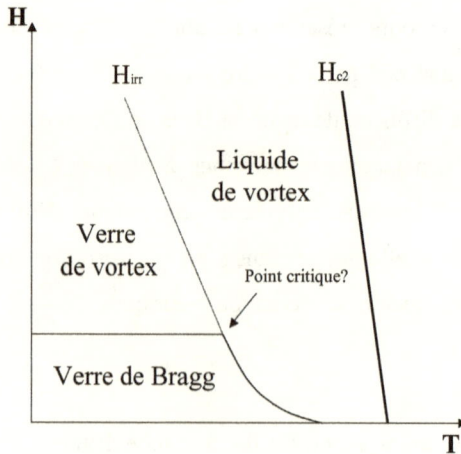

Figure 2.1: Diagramme de phase (H,T) dans les cuprates

Le diagramme de phase a l'allure générique représentée sur la figure 2.1. Une ligne horizontale sépare les deux phases solides. Elle correspond à la fusion du verre de Bragg en une phase vitreuse due au désordre, sous l'effet d'un champ magnétique croissant. La signature expérimentale est le second pic dans la partie irréversible de l'aimantation, correspondant à une augmentation soudaine du courant critique. Il s'agirait d'une transition de premier ordre née de la compétition entre le désordre (l'énergie de piégeage associée) et l'énergie de déformation élastique. Ceci se traduit par la position horizontale dans le diagramme de phase pour cette transition indépendante de la température, et particulièrement sensible aux défauts ponctuels. Notez cependant que pour le moment on n'a détecté aucune trace en chaleur spécifique. Cette ligne rejoint une autre correspondant à la fusion du verre de Bragg sous l'effet des fluctuations thermiques. Il s'agit cette fois-ci d'une vraie transition de phase de premier ordre à bas champ, dans les cristaux assez purs.

Historiquement, on a d'abord observé que l'élargissement de la transition en résistivité se termine de façon abrupte dans $YBa_2Cu_3O_{7-\delta}$. Par la suite, un réseau de micro-sondes Hall a permis de mettre en évidence un saut en aimantation dans $Bi_2Sr_2CaCu_2O_8$ à très bas champ[77]. Il se trouve que l'entropie correspondante, déduite de la relation de Clapeyron, est en bon accord avec celle donnée par la chaleur spécifique, dans laquelle un saut similaire a été observé[78]. Ceci a permis de conclure qu'il s'agissait bien d'une transition de phase du premier ordre. L'effet du désordre sur cette transition est d'élargir le saut abrupt en une transition du second ordre. Ceci dit, la façon dont ces deux transitions se raccordent est longtemps restée floue, notamment la question de l'existence éventuelle d'un point critique. Il y a une anomalie de courant critique dans ce domaine, encore appelée "peak effect". Cet effet existe aussi dans les supraconducteurs classiques comme le $NbSe_2$ et semble donc être une propriété générale de la matière de vortex. On observe dans cette région du diagramme un fort hystérésis et des effets de mémoire dus à la coexistence de deux phases, l'une à fort et l'autre à faible courant critique[79]. Mais cet effet est encore plus spectaculaire dans $YBa_2Cu_3O_{7-\delta}$ où on a une augmentation très marquée de Jc juste avant de s'annuler à la ligne d'irréversibilité[80].

De plus, on a récemment découvert dans cette région un phénomène assez rare dans la nature, à savoir la fusion inverse. L'étude d'aimantation locale avec des micro-sondes Hall a montré que dans une région très limitée proche du point critique on passe de la phase amorphe à la phase ordonnée en augmentant la température[81]. Il existe surtout une ligne dans le diagramme de phase, dite ligne d'irréversibilité, délimitant la région où le courant critique est non-nul, et l'aimantation irréversible. On pense qu'elle coïncide avec la ligne de fusion du solide de vortex même au-delà du point critique. D'un autre côté, on a évoqué cette fusion de verre de vortex pour comprendre la courbure vers le haut des courbes de $H_{c2}(T)$ déterminée à partir de la résistivité; celle-ci serait en fait le champ d'irréversibilité, $H_{irr}$. Cette courbure est anormale du point de vue de la théorie BCS et elle a été attribuée aux fluctuations quantiques; la ligne de fusion se terminerait en fait en un point critique quantique dans le diagramme de phase[82]. Notez bien que même dans des cristaux surdopés de $Tl_2Ba_2CuO_{6+y}$ où la transition résistive est pourtant raide, contrairement à l'élargissement observé au dopage optimal, la ligne de $H_{c2}$ déduite des mesures de résistivité garde toujours une courbure vers le haut[83]. Par ailleurs, la comparaison à la chaleur spécifique montre que ce n'est pas le champ critique thermodynamique[84]. Cette courbure est d'autant plus marquée que l'anisotropie du système est grande, comme le révèle la comparaison entre $Bi_2Sr_2CaCu_2O_8$, $YBa_2Cu_3O_{7-\delta}$ et $La_{2-x}Sr_xCuO_4$, quelque soit le critère choisi pour déterminer $H_{c2}$; 10, 50 ou 90% de la transition résistive[85]. D'autre part, l'évolution de $H_{irr}$ en fonction du dopage semble dictée par l'énergie de condensation plutôt que l'anisotropie grandissante, comme l'a montré l'étude de l'aimantation dans $YBa_2Cu_3O_{7-\delta}$. On trouve que $H_{irr}$ diminue et sa courbure vers le haut s'accentue au fur et à mesure que l'on diminue le dopage[76].

Toutes ces caractéristiques du diagramme de phase existeraient à tout dopage, même si ce n'est qu'un intervalle assez réduit qui a été sondé jusqu'à présent. En particulier, on sait peu du comportement des vortex dans les composés très sous-dopés, à la limite de la transition supraconducteur-isolant.

2.2 Le Magnétisme Associé aux Vortex

L'aimantation macroscopique statique dans la phase mixte des cuprates est apparamment conventionnelle, avec tout au plus un crossover 2D-3D[86]. Des investigations récentes à des échelles spatiale et temporelle plus petites révèlent pourtant une physique toute nouvelle, et nous essayons de faire un premier bilan dans ce paragraphe. L'étude du magnétisme associé au vortex est surtout importante pour élucider le lien profond entre la phase antiferromagnétique et supraconductrice, apparemment distinctes dans le diagramme de phase. Puisque l'étude de la région de transition entre ces deux phases est compliquée par l'inhomogénéité chimique (intrinsèque ou extrinsèque?) des échantillons, le vortex constitue l'objet privilégié pour aborder ce problème. Dans ce contexte, les résultats récents de diffusion inélastique de neutrons sur $La_{2-x}Sr_xCuO_4$ ont été une source d'informations précieuse*.

*La diffusion inélastique de neutrons mesure la susceptibilité dynamique associée aux fluctuations de spin à l'échelle microscopique et avait déjà révélé, à champ nul et dans tous les composés supra avec $x > 0.05$, un quadruplet de pics, dits incommensurables, distribues aux vecteurs d'onde q autour de $(\pi; \pi)$ où un pic de Bragg antiferromagnétique est observe dans le composé parent $La_2CuO_4$. De plus, un gap de spin $\Delta = 7meV$ s'ouvre dans la phase supraconductrice à ces mêmes vecteurs d'onde, associé à la formation de paires singulets.

Appliquant un champ magnétique de 7.5T sur $La_{1.84}Sr_{0.16}CuO_4$ optimalement dopé, B.Lake et al.[87] ont observé une augmentation de la susceptibilité dans la phase mixte (T < Tc), en dessous du gap ($\omega < \Delta$). Un effet similaire avait déjà été remarqué dans $La_{1.88}Sr_{0.12}CuO_4$, mais ce composé constitue un cas à part car les corrélations antiferromagnétiques y sont statiques (on les appelle stripes) et l'association avec les vortex n'était pas évidente[88]. Le signal induit par le champ a un large maximum autour de 4.3meV, avec la même distribution de vecteur d'onde, incommensurable avec le paramètre du réseau, que dans la phase normale. Sa largeur en vecteur d'onde est limitée par la résolution comme dans la phase normale, ce qui signifie qu'il s'agit très probablement d'un ordre à grande distance. En tout cas, la longueur de corrélations magnétiques associée est bien supérieure à la longueur de cohérence comme à la distance inter-vortex. Ces fluctuations de spin de basse énergie, détectées aussi dans un composé sous-dopé $La_{1.90}Sr_{0.10}CuO_4$ défient notre compréhension car elles semblent être liées à l'établissement de la cohérence de phase (ou autrement dit à la solidification des vortex) d'une manière non triviale. Dans le composé optimalement dopé, l'augmentation de la susceptibilité est la plus spectaculaire en dessous de la ligne d'irréversibilité alors que dans le composé sous-dopé le moment magnétique par atome de Cu augmente en dessous de Tc à la manière d'un paramètre d'ordre en champ moyen et la cohérence de phase est établie une fois celui-ci saturé.

Dans les deux cas, la fraction de signal due au champ est anormalement élevée; dans le composé sous-dopé le moment magnétique sature à trois fois sa valeur à champ nul à H=14.5T[89]. Cette fraction est bien plus grande que le rapport $\frac{H}{H_{c2}}$, correspondant au volume occupé par les coeurs de vortex, ce qui exclue une interprétation simple en terme de spin d'états liés dans le coeur. Néanmoins, plusieurs auteurs proposent d'expliquer les fluctuations de spin de basse énergie

44

induites par le champ magnétique comme étant associées aux vortex, étant donné que l'intensité augmente avec le champ magnétique.

Hu et Zhang[90] utilise le formalisme de Ginzburg-Landau avec la symétrie SO(5)* pour décrire comment le coeur de vortex peut constituer un puit de potentiel attractif pour une excitation collective antiferromagnétique qui serait détectée par les neutrons**. Le modèle originel postulant la symétrie SO(5)[92] ne prend en compte que des excitations commensurables, mais Hu et Zhang montre qu'on peut l'étendre à celles incommensurables, propres au cas de $La_{2-x}Sr_xCuO_4$. Leur argument principal en faveur d'un état lié pour l'excitation antiferromagnétique dans le coeur de vortex est que s'il s'agissait d'états délocalisés (c'est-à-dire antiferromagnétisme dans le bulk se superposant à la supraconductivité) l'énergie de l'excitation serait au niveau du gap de spin associé au supraconducteur, le champ magnétique ne le faisant déplacer que très peu, en contradiction avec l'observation expérimentale d'un maximum à 3meV du gap de spin. La longueur de localisation est plus grande que la longueur de cohérence, et donc l'antiferromagnétisme s'étend au-delà du coeur, car la masse effective associée à cette excitation est faible. Cette masse peut en effet être estimée indépendamment à partir des résultats à champ nul, et la consistance avec la valeur sous champ constitue certainement le succès le plus important de cette interprétation.

---

*La symétrie SO(5) permet de traiter les paramètres d'ordre supraconducteur et antiferromagnétique à pied d'égalité dans l'expression de l'énergie libre dans une approche de champ moyen et il en résulte un couplage répulsif entre les deux paramètres d'ordre.

**Ceci ne signifie pas pour autant que les deux phases sont à priori immiscibles, l'étude thermodynamique des différents diagrammes de phase possibles[91] montre qu'il peut exister une phase homogène supraconductrice et antiferromagnétique mais la question de sa réalisation dans le cas de $La_{2-x}Sr_xCuO_4$ reste ouverte.

Cependant, la distinction entre état lié et état délocalisé devient surtout pertinente dans la limite du champ nul où ce modèle prévoit que la difference d'énergie entre le gap de spin et l'énergie de l'excitation reste finie or on est limité par la résolution expérimentale étant donné que l'intensité du signal tend vers zéro dans cette limite. Une version alternative d'un coeur antiferromagnétique est proposée par Hedegard[93], selon laquelle des ondes de spin parcourrent le vortex dans toute sa longueur. Cette interprétation a l'avantage d'être indépendante de la nature de la phase normale constituant le coeur en faisant simplement l'hypothèse qu'il est le siège d'antiferromagnétisme. A cause de la taille finie du vortex, les magnons ont un spectre d'énergie discret, l'énergie du premier niveau étant supérieur au gap de spin de 7meV. On peut alors considerer l'ensemble de spins associé au vortex comme étant rigide, avec pour seuls modes de basse énergie ceux qui se propagent suivant l'axe c. Il est bien connu que les ondes de spins dans un système anisotrope avec des constants de couplage J, J' différents dans le plan et suivant l'axe c ont une énergie typique $\sqrt{J.J'}$, de l'ordre de 2meV dans le cas présent. L'auteur prétend que les pics inélastiques correspondent à ces modes propagatoires avec une longueur d'onde plus courte que la longueur de corrélation de spin. Or celle-ci, estimée en faisant une renormalisation à partir d'un modèle sigma non-linéaire augmente très rapidement à basse température, d'où la forte augmentation du signal en dessous de 10K observée dans l'expérience de neutrons. Etant donné que les corrélations antiferromagnétiques mises en evidence par les neutrons s'étendent au-delà des coeurs de vortex, il semble plus intéressant de relâcher la contrainte d'une symétrie SO(5) et de considérer une longueur de localisation pour les excitations de spin intrinsèquement plus grande que la longueur de cohérence, l'ordre supraconducteur étant affaibli au voisinage des vortex du fait des courants superfluides. Dans cette optique, Demler, Sachdev et Zhang[94] proposent un modèle où le système est proche d'une transition de phase quantique entre une phase supraconductrice pure et une phase mixte et homogène qui est à la fois supraconductrice et onde de densité de spin. L'application d'un champ magnétique modéré peut alors induire des fluctuations de spin importantes car la ligne de transition est anormalement plate autour du point critique quantique à champ nul. L'abandon de la symétrie SO(5) se traduit par un traitement de champ moyen pour le paramètre d'ordre supraconducteur et ce sont les fluctuations quantiques du paramètre d'ordre de l'onde de densité de spin qui provoquent une telle transition, en présence toujours d'un couplage répulsif entre les deux paramètres d'ordre.

Ce modèle a le mérite de reproduire le bon comportement du moment magnétique induit en fonction de H, en accord avec les résultats de neutrons, et d'expliquer comment on peut avoir, par analogie avec les oscillations de Friedel, des fluctuations de spin dynamique, qui, une fois piégées par les vortex, induisent une onde de densité de charge statique. Mais il n'est valuable qu'à faible champ où on peut légitimement négliger les fluctuations du paramètre d'ordre supraconducteur. Ce modèle prévoit aussi qu'à champ nul l'application d'un courant supraconducteur devrait engendrer au niveau d'impuretés et de défauts cristallins des effets d'oscillations de charge similaires, ce qui reste à vérifier expérimentalement. Une telle onde de densité de charge dans la phase mixte a effectivement été observée par STM dans $Bi_2Sr_2CaCu_2O_{8+x}$ légèrement sur-dopé[95]. En faisant une cartographie de la conductance différentielle $G= dI/dV$, proportionnelle à la densité d'états locale, à champ nul puis sous champ et en soustrayant les images ainsi obtenues, le groupe de J.C.Davis a montré qu'il apparaît une modulation statique dans la distribution de charge, semblable à un damier, au niveau des coeurs de vortex, orientée selon la liaison Cu-O et de période $4a_0$ ($a_0$:paramètre du réseau) correspondant à la moitié de l'onde de densité de spin statique vue par diffusion élastique de neutrons (INS) dans certaines compositions de $La_{2-x}Sr_xCuO_4$, notamment x=0.12, et couramment associé aux stripes. Le spectre de Fourier correspondant à cette distribution spatiale de charge consiste en quatre points semblables aux pics incommensurables détectés par les neutrons.

Par ailleurs, une résolution numérique[96] auto-cohérente des equations de Bogoliubov-de Gennes avec un hamiltonien qui prend en compte un terme d'interaction SDW et supra de type onde d montre aussi qu'on peut avoir, sous champ magnétique, une onde de densité de spin accompagnée d'une onde de densité de charge de période moitié moins, renforcée au coeur des vortex mais s'étendant dans tout le système*. La densité d'états au coeur de vortex ressemble à ce qui a été observé par STM, ce qui suggèrerait que le pseudogap au coeur de vortex résulte bien d'un ordre SDW qui s'y développe. L'intérêt essentiel de ce calcul est qu'il étudie explicitement l'évolution en fonction du dopage, même si à l'heure actuelle il n'y a pas encore d'étude expérimentale systématique, dans aucune des techniques discutées ici.

La diffusion inélastique de neutrons n'est pas le seul outil d'investigation de la distribution spatiale du champ interne dans la phase mixte. Le problème de la possible coexistence de la supraconductivité et de l'antiferromagnétisme a aussi été abordé dans les mesures de RMN et de μSR, avec des résultats concordant à ceux des neutrons. Ainsi Mitrovic et al.[97] ont mesuré le temps de relaxation spin-réseau ($T_1^{-1}$) du noyau $^{17}$O dans YBa$_2$Cu$_3$O$_{7-\delta}$ optimalement dopé à basse température, jusqu'à des champs de 37T. La RMN sonde les fluctuations de spin à une échelle d'énergie plus faible que les neutrons, typiquement le champ de 37T correspond à une énergie Zeeman de 2.5meV. L'utilisation de champ

---

*Le même calcul montre aussi des effets de stripes à champ nul dans le régime sous-dopé ainsi que la disparition de l'onde de densité de spin dans le régime surdopé.

magnétique intense permet surtout d'augmenter la fraction du signal due au vortex. Contrairement au $^{63}$Cu, le noyau $^{17}$O a des raies assez étroites pour permettre une résolution spatiale, étant donné que le déplacement de raie est lié au champ magnétique local. Ainsi, connaissant le profil de champ magnétique interne en présence de vortex, on peut résoudre spatialement les variations de $T_1^{-1}$. Celle-ci est en effet proportionnelle au produit de la densité d'états au niveau d'un ou deux noeuds du gap supraconducteur d'onde d selon que l'état électronique initial et final sont sur le même noeud ou non. Donc la RMN de $^{17}$O permet de sonder la structure électronique à l'intérieur et à l'extérieur de vortex. Cette technique a l'avantage par rapport au STM, principale sonde de la densité électronique locale, de s'affranchir du problème des états de surface et de matrice d'effet tunnel qui complique l'interprétation.

A l'approche du coeur, $T_1^{-1}$ croît fortement, dû à l'effet Doppler. En dehors des vortex, $T_1^{-1}$ augmente avec le champ magnétique, ce que l'on peut comprendre si le terme d'effet Doppler change de signe entre l'état initial et final. Ceci permet de conclure que les états initial et final sont sur des noeuds différents constituant la surface de Fermi. Autrement dit, la susceptibilité de spin associée devrait avoir un maximum à un vecteur d'onde non nul, ce qui indique une fois de plus la présence de fortes corrélations antiferromagnétiques dans la phase mixte, en accord avec les résultats de neutrons. Dans les coeurs de vortex, $T_1^{-1}$ croît toujours avec le champ et décroît avec la température, ce qui va à l'encontre du comportement attendu d'états d'Andreev localisés mais révèlent au contraire un gap dans la densité d'états, conformément à celui vu en STM. Ce gap pourrait être lié à un ordre antiferromagnétique apparaissant dans le coeur.

Encore plus récemment, l'analyse de $\frac{1}{T_1 T}$ montre une loi de type Curie-Weiss pour la susceptibilité, mais avec une température $\theta_{CW} < 0$ signalant des fluctuations quantiques à l'approche d'un point critique quantique[98]. D'un autre côté, la relaxation de spin de muons implantés aléatoirement dans le matériau permet de déterminer la distribution statique locale de champ magnétique. De telles mesures dans un monocristal sous-dopé de $YBa_2Cu_3O_{6.5}$ (Ortho-II) ont révélé une aimantation alternée de l'ordre de 15G à 4T en présence de vortex, mais absente à champ nul[99]. En effet, le meilleur fit avec les spectres expérimentaux est obtenu en ajoutant à la distribution de champ associée aux vortex, une telle aimantation, décroissant à l'échelle de la longueur de cohérence. Ceci se traduit par une dépression de la susceptibilité autour de 15G qui n'est pas observé dans un supraconducteur conventionnel comme le $NbSe_2$, ou encore par un poids spectral supplémentaire toujours autour de 15G dans le spectre de puissance obtenu par transformation de Fourier. Il faut noter que cet effet est absent dans le composé optimalement dopé (contrairement à RMN) et disparaît assez vite au-delà de 20K dans le composé sous-dopé (contrairement à l'INS où cela persiste jusqu'à Tc).

Il serait intéressant de savoir si la disparition de cet effet a un lien quelconque avec la fusion du réseau de vortex. La confirmation de ce résultat pour d'autres dopages serait souhaitable, vu la particularité du compose Ortho-II avec son alternance régulière de site vacant et d'atome d'oxygène sur les chaines CuO. Par ailleurs, cette technique ne permet pas d'accéder à l'orientation de l'aimantation mais seulement à sa composante suivant l'axe c. Néanmoins c'est une information précieuse en ce sens qu'il s'agit de magnétisme statique (contrairement aux INS et RMN). On peut aussi se demander comment la période de cette aimantation se compare à celui de l'onde de densité de charge statique vue par STM. D'autre part, on pense que les muons se fixent préférentiellement sur les atomes d'oxygène au-dessus de plan $CuO_2$, il n'est donc pas exclu que cette aimantation soit due aux courants orbitaux de type "flux-phase"(§1.2.1) postulé dans le régime de pseudogap[100]. En effet, il a été rapporté par les mêmes auteurs que la relaxation de muons polarisés à champ nul dans deux autres monocristaux

YBa$_2$Cu$_3$O$_{6+x}$ décroit plus rapidement en dessous de T*$_{ZF}$ (x) < Tc signalant l'apparition de champ local de l'ordre de 0.3G. L'anisotropie de cet effet suivant que la polarisation est parallèle ou perpendiculaire à l'axe c, ainsi que sa très forte diminution en présence de vortex à 0.5T les a conduit à conclure qu'il s'agit là d'un magnétisme associé à la phase dite "flux-phase".

Pour résumer, les modèles théoriques récents prévoient le développement d'un ordre magnétique (AF,SDW ou flux magnétique dû aux courants orbitaux) en compétition avec la supraconductivité dans le coeur de vortex. En parallèle, les résultats de diffusion inélastique de neutrons, de RMN et de μSR montrent que les vortex induisent des corrélations antiferromagnétiques coexistant avec la supraconductivité, avec la même structure spatiale que dans la phase normale. L'influence de ces fluctuations pour le mécanisme de couplage reste une question ouverte. Enfin, le lien avec le pseudogap vu en STM dans les coeurs de vortex reste à élucider. Expérimentalement, l'investigation systématique en fonction du dopage semble nécessaire pour répondre à ces questions.

## 2.3 La Structure du Coeur de Vortex

La description classique d'un vortex suppose que le paramètre d'ordre supra-conducteur s'annule au coeur des vortex créant ainsi un puit de potentiel pour les quasiparticules. Il a été montré par Caroli-deGennes-Matricon que l'énergie $\varepsilon_\mu$ de ces quasiparticules, inférieure au gap supra $\Delta$, est quantifiée en fonction du moment angulaire[101] :

$$\varepsilon_\mu = \mu \frac{\Delta}{\xi k_{perp}},$$

où $k_{perp}$ est le vecteur d'onde perpendiculaire à l'axe de symétrie du vortex et $\xi$ la longueur de cohérence. Cette branche anormale passe par l'origine pour $\mu = 0$, ce qui signifie que la densité d'états au niveau de Fermi dans le coeur de vor-tex est finie.

On peut aussi comprendre ces états comme des ondes stationnaires resultant de réflexions d'Andreev multiples sur les parois du vortex. Il a été possible de les observer par microscopie à effet tunnel(STM) dans un supraconducteur conven-tionnel, $NbSe_2$. En effet, Hess et al.[102] ont mesuré un maximum dans la con-ductance différentielle à tension appliquée nulle, dans le coeur de vortex. Mais la quantification des niveaux d'énergie n'a pas pu être vérifiée directement car la résolution en énergie s'est révélée insuffisante. Ceci a renforcé l'idée que le coeur de vortex représente la phase normale, ces états quantifiés formant un qu-asi continuum d'énergie dans les supraconducteurs conventionnels.

En revanche, dans les cuprates, l'espacement en énergie serait assez grand pour être résolu. Les premiers spectres de STM obtenus dans $YBa_2Cu_3O_{7-\delta}$ montrent une paire de pics à $\pm 5.5$meV à l'intérieur du gap supraconducteur de 20meV, qu'on a associé d'emblée avec les premiers niveaux de Caroli-de Gennes-

Matricon, en accord avec les résultats d'absorption infrarouge[103]. Il semble donc que les cuprates sont bien dans la limite quantique. Ces pics sont au premier abord absents dans les spectres de $Bi_2Sr_2CaCu_2O_8$ sous-dopé comme surdopé [104] et l'évolution des spectres à travers le coeur est très similaire à celle à travers Tc à champ nul: on voit dans les deux cas que le gap persiste mais les pics de cohérence disparaissent. L'absence de quasiparticules localisées dans le coeur a d'abord été attribué à un gap supraconducteur plus grand dans $Bi_2Sr_2CaCu_2O_8$ et donc une énergie $\varepsilon_\mu > \Delta$. Mais plus récemment, une analyse plus approfondie de ces spectres a révélé un doublet de pic similaire à $YBa_2Cu_3O_{7-\delta}$ [105].

Pris dans leur ensemble, les résultats de STM posent un sévère défi à la théorie BCS. Sachant que le paramètre d'ordre dans les cuprates est de symétrie onde d, on ne s'attendait en fait pas à un doublet dans le coeur mais un pic unique à tension nulle, encore appelé Zero Bias Conductance Peak(ZBCP). De plus, l'assymétrie des spectres par rapport à une tension positive ou négative est surprenante. Une étude plus poussée révèle aussi l'absence d'oscillations de type onde d à tension nulle, autour du coeur, dans la variation de la conductance en fonction de l'angle azimutale, ainsi qu'une décroissance exponentielle de la conductance intégrée en angle en fonction de la distance au coeur, dans $Bi_2Sr_2CaCu_2O_8$ [106]. Ceci, ajouté à l'absence de ZBCP, est en apparent contradiction avec la symétrie onde d du paramètre d'ordre supraconducteur et suggère au contraire un gap sans noeud. On a été ainsi amené à considérer un paramètre d'ordre complexe du type $d_{x^2-y^2} + is$ ou $d_{x^2-y^2} + id_{xy}$, en accord avec les résultats de jonction tunnel, mais il n'est pas à exclure qu'une telle symétrie ne se forme qu'à la surface.

La ressemblance avec les spectres observés au-delà de Tc a laissé penser que le pseudogap persiste en dessous de Tc et donc il serait la signature de paires excitées (incohérentes avec celles qui forment le condensat) existant à la fois au coeur de vortex comme au dessus de Tc. On a également montré que l'énergie des états localisés dans le coeur est proportionnelle au gap supraconducteur et qu'elle est indépendante du champ magnétique[105]. Ceci est en accord avec le comportement du pseudogap tel qu'il est vu par STM[107].

Dans un scénario de condensation Bose-Einstein pour le pseudogap où on suppose que la transition supraconductrice n'implique pas la condensation de toutes les paires et qu'il en reste un certain nombre à impulsion non-nulle et incohérente en phase, il a été possible d'expliquer les résultats de STM ainsi que les mesures de chaleur spécifique de façon consistante[40]. Parmi les explications alternatives proposées, on peut citer les théories de séparation spin-charge. En partant d'un hamiltonien t-J avec une symétrie U(1), Franz et Tesanovic[108] ont montré que dans un système avec deux types d'excitations élémentaires, des spinons et des holons, on peut former deux types de vortex selon que l'on annule le paramètre d'ordre associé à l'un ou l'autre. Dans le régime sousdopé on aurait un vortex de holon avec un gap de spinon dans le coeur (d'où la similarité observée avec le pseudogap de la phase normale) et qu'il y aurait une transition vers un vortex de spinon dans le régime surdopé. D'autre part, on a souligné la difficulté d'obtenir un vortex stable contenant un seul quantum de flux $\Phi_0$ dans les modèles basés sur la symétrie U(1) du champ de jauge[110]. Dans cette perspective, Kishine et al. considèrent le cas de la symétrie SU(2) et montre qu'on a des courants orbitaux de sens alterné associés aux plaquettes. Ces courants, fortement fluctuants dans la phase de pseudogap, seraient stabilisés par le champ magnétique et donc seraient présents aux coeurs de vortex. Les résultats numériques ainsi obtenus montrent des spectres assez similaires aux spectres expérimentaux[109]. On peut aussi signaler qu'un calcul plutôt conventionnel dû à K.Maki a montré qu'on peut générer un gap dans le coeur de vortex en pregnant simplement en compte la symétrie onde d du gap et la quantification des états dans le coeur, dans une résolution numérique des équations de Bogoliubov-de Gennes[111].

Dans quelle mesure on peut considérer les états du coeur de vortex comme étant identiques aux excitations de la phase normale? Etant donné la quantification des niveaux de basse énergie une telle assimilation peut a priori paraître abusive. En réalité, les échantillons sont dans la limite sale ($\frac{\hbar}{\tau} \gg \Delta$) et la diffusion par les impuretés élargit ces niveaux résultant en un quasi-continuum d'états, impossible à distinguer de la phase normale. La limite inverse, dite limite propre ($\frac{\hbar}{\tau} \ll \frac{\Delta^2}{E_F}$), a été considérée dans plusieurs travaux théoriques mais on ne connaît pas de matériau correspondant à sa réalisation expérimentale. Même les cuprates, avec une longueur de cohérence très courte comparés aux supraconducteurs conventionnels, ne sont au mieux que dans un régime intermédiaire ($\frac{\Delta^2}{E_F} \ll \frac{\hbar}{\tau} \ll \Delta$)[119]. Cependant, le fait même que dans un supraconducteur conventionnel comme le NbSe$_2$ le spectre d'énergie au coeur du vortex soit différent de celui dans la phase normale métallique nous met en garde contre l'assimilation courante du coeur de vortex à la phase normale.

D'autre part, notre connaissance sur l'évolution de la structure du coeur en fonction du dopage reste à ce jour assez lacunaire et une étude plus systématique permettrait de tester les différentes prédictions théoriques. Notamment la question qui se pose est jusqu'à quel dopage le gap dans le coeur persiste afin d'établir son lien avec le pseudogap de la phase normale et de savoir s'il y a un point quantique critique dans le diagramme de phase, masque par la supraconductivité. Enfin, la tentation est grande d'associer le gap observé dans le coeur des vortex aux fluctuations antiferromagnétiques induites par le champ dans la

phase mixte, comme le suggèrent les résultats de RMN[97]. Autant dans un liquide de Fermi, un ordre antiferromagnétique dans le coeur de vortex serait naturellement accompagné d'un gap dans le spectre d'énergie autant ceci risque
d'être faux s'il y a séparation de spin et de charge.

Chapitre 3

De l'intérêt de l'effet Nernst dans les Cuprates

3.1 Qu'est-ce que l'effet Nernst?

L'effet Nernst fait partie d'une grande famille de propriétés thermomagnétiques, faisant entrer en jeu le champ électrique, le gradient thermique et le champ magnétique. Comme beaucoup de ces propriétés, il a été découvert au cours du 19e siècle. Il correspond à l'apparition d'une composante transverse du champ électrique, due au champ magnétique, en présence d'un gradient thermique dans un conducteur. C'est plus précisément le rapport de ce champ électrique transverse sur le gradient thermique longitudinal:

$$\upsilon B = \frac{E_y}{\nabla_x T} \, .$$

Cela correspond également à la composante non-diagonale du tenseur de pouvoir thermoélectrique.

Pour donner un panorama complet de ces différents effets thermomagnétiques on peut distinguer ceux qui font intervenir le champ électrique ou le gradient thermique de façon exclusive (effet Hall, effet Righi-Leduc) de ceux qui les couplent (effet Nernst, effet Ettingshausen) sous champ magnétique. Ainsi, l'effet Righi-Leduc est le gradient thermique transverse créé par un gradient thermique longitudinal et l'effet Hall, la tension électrique transverse créée par une tension longitudinale. De façon analogue, l'effet Ettingshausen est le gradient thermique transverse créé par une tension longitudinale, l'effet Nernst, la tension transverse créée par un gradient thermique longitudinal. La réversibilité microscopique impose des relations entre ces different coefficients, dites relations d'Onsager et on a par exemple:

$$\upsilon = \frac{\kappa P_E}{T}$$

entre le coefficient de Nernst $\upsilon$ et le coefficient d'Ettingshausen $P_E$ faisant aussi intervenir $\kappa$, la conductivité thermique.

## 3.2 Sources connues d'effet Nernst

L'effet Nernst a deux origines connues: les quasiparticules dans un metal et les vortex dans un supraconducteur.

### 3.2.1 L'effet Nernst dû aux Quasiparticules

L'effet Nernst produit par les quasiparticules est en général très faible, et nous allons expliquer pourquoi. Dans la théorie linéaire et semi-classique du transport il faut considerer deux équations tensorielles couplées reliant le courant électrique J et le courant de chaleur $J_Q$ aux gradients thermiques et de potentiel électrique:

$$J = \sigma E - \frac{\alpha}{T} \nabla T$$
$$J_Q = \kappa \nabla T + \alpha E$$

A champ nul, le pouvoir thermoélectrique TEP est obtenu en remarquant que le courant électrique est nul ce qui donne:

$$TEP = \frac{E_x}{\nabla_x T} = \frac{\alpha}{\sigma} T$$

La résolution de l'équation de Boltzmann :

$$v_k \cdot \left[ \frac{\epsilon_k - \mu}{T} \nabla_r T + \nabla_r \mu - eE \right] \left( -\frac{\partial f^{(0)}}{\partial \epsilon_k} \right) = -\frac{f_k^{(1)}}{\tau}$$

dans l'approximation de temps de relaxation donne alors la formule de Mott[112] :

$$TEP = \frac{\pi^2 k_B^2 T}{3e} \left( \frac{\partial ln\sigma}{\partial \epsilon} \right)_{\epsilon_F}$$

Ce terme est aussi appelé le terme de diffusion, par opposition au terme de phonon-drag qui s'ajoute éventuellement, résultant du couplage electron-phonon. On voit ainsi que le pouvoir thermoélectrique fait intervenir la dérivée par rapport à l'énergie de la conductivité, qui représente en meme temps la courbure de la surface de Fermi du point de vue de la théorie de bandes dans un métal. On peut aussi mettre la formule de Mott sous la forme suivante dans le cas d'une bande parabolique :

$$TEP = \frac{\pi^2 k_B^2 T}{3e} \left( \frac{\partial \tau}{\partial \epsilon} \right)_{\epsilon_F}$$

La signification physique est la suivante. En absence de courant électrique macroscopique, les charges qui se déplacent suivant le gradient sont compensées par celles qui vont en sens contraire. La tension électrique provident alors du fait que les charges à contre-courant, plus énergétiques, ont un temps de relaxation différent de ceux qui vont dans le sens du gradient thermique. Par ce simple processus de diffusion, on obtient un pouvoir thermoélectrique généralement faible dans les métaux. On sait par ailleurs que la présence d'impuretés magnétiques, dans les systèmes où on observe l'effet Kondo, tend à augmenter le pouvoir thermoélectrique. Dans les cuprates où on a effectivement un pouvoir thermoélectrique grand, de l'ordre de $k_B/e$ =86 µV/K à température ambiante, on a été amené à évoquer une contribution supplémentaire de type phonon-drag; d'origine magnétique ou non, cela reste à élucider[113].

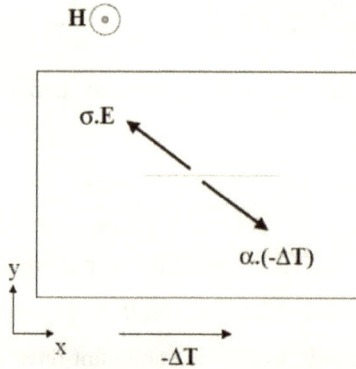

Figure 3.1: Compensation de Sondheimer

En présence d'un champ magnétique, il faut ajouter un terme en $\frac{e}{\hbar}(v_k \times B).\nabla_k f_k^{(1)}$ à l'équation de Boltzmann[112]. L'effet Nernst qui en résulte a une expression similaire à TEP. Ceci montre dans un premier temps pourquoi l'effet Nernst est lui aussi faible dans les métaux. En revanche dans un semiconducteur avec deux types de porteurs, on peut avoir un signal transverse grand du fait que les électrons et les trous ont des vitesses opposes et le champ magnétique dévie ainsi leur trajectoire dans le même sens[114]. D'autre part, rien n'empêche de penser que le terme de drag peut lui aussi donner une contribution transverse non négligeable, mais nous ne sommes pas au courant d'un tel travail. Donc l'ordre de grandeur de l'effet Nernst dans un métal est généralement de quel- ques nV/K.T. On a par exemple 2nV/K.T dans Al, 18nV/K.T dans Au à 300K[130].

Mise à part la formule de Mott, on peut aussi comprendre de la façon suivante pourquoi la contribution à l'effet Nernst des quasiparticules est faible. Ecrire $J_y$=0 revient à écrire :

$$\alpha_{yx}(-\nabla_x T) + \alpha_{xx}(-\nabla_y T) + \sigma_{yx}E_y + \sigma_{xx}E_x = 0$$

Or on peut négliger le terme $\alpha_{xx}(-\nabla_y T)$ étant donné que le gradient thermique est essentiellement dû aux phonons, dans le cas des cuprates, qui ne se couplent pas au champ magnétique. On peut alors exprimer le coefficient de Nernst sous la forme:

$$\upsilon B = \frac{\alpha_{xy}}{\sigma} - TEP.\tan\theta_H = TEP.(\tan\theta_\alpha - \tan\theta_H)$$

On comprend ainsi la faible valeur de $\upsilon$ comme la compensation des deux angles de Hall associés aux tenseurs électrothermique $\alpha$ et de conductivité électrique $\sigma$[35]. En d'autres termes, cette compensation, décrite par Sondheimer, est celle entre la composante du courant électrique transverse liée au champ électrique et celle liée au gradient thermique, puisque ces deux termes tournent du même angle de Hall en présence d'un champ magnétique par rapport à la direction longitudinale du courant de chaleur (fig. 3.1).

Pour être rigoureux, il faut aussi distinguer deux situations dans la pratique, l'une avec des conditions isothermes (correspondant au cas des films minces) et l'autre adiabatiques (correspondant aux monocristaux), selon que l'on peut négliger ou non le gradient thermique transverse lui aussi créé par le champ magnétique. Dans le cas isotherme le vecteur dont la direction est bien défini est le gradient thermique alors que dans le cas adiabatique c'est le vecteur courant de chaleur qui est fixé, correspondant aux conditions habituelles de l'expérience. Pour les cuprates, l'essentiel du transport de chaleur est dû aux phonons et c'est une bonne approximation de considérer que le gradient thermique reste longitudinal et les conditions isothermes sont réalisées. La concordance entre les mesures sur les couches minces et les monocristaux justifie cela a posteriori.

On notera aussi que le signe de l'effet Nernst n'est pas en général lié à celui de la charge des porteurs. Dans le cas des cuprates, on sait seulement que l'effet Nernst dans la phase normale est négatif à très haute température[34],[115]. De plus, une étude systématique de l'effet Ettinghausen à 300K dans $La_{2-x}Sr_xCuO_4$ a montré qu'il est aussi négatif et dépend peu du dopage[114].

La dépendance en température de l'effet Nernst n'est pas triviale a priori, même dans les métaux ordinaires, car le taux de diffusion $\tau$ est imposé par les phonons. Dans les cuprates où ce sont les processus électroniques qui dominent dans le transport, on aurait pu s'attendre à une simplification. Cependant, le comportement de l'effet Nernst entre Tc et 300K observé dans $Tl_2Ba_2CaCu_2O_8$ n'est pas monotone mais il y a un maximum local qui reste aussi mystérieux que celui vu dans $R_H$[115]. De plus, on ne sait pas comment modifier la formule de Mott dans le cas de deux temps de relaxation.

### 3.2.2 L'effet Nernst dû aux Vortex

La seconde source d'effet Nernst, et en fait la principale, sont les vortex. On a très tôt mis en évidence que la phase mixte d'un supraconducteur de type II possède des propriétés thermomagnétiques intéressantes dues au mouvement de vortex, notamment un pouvoir thermoélectrique non nul et un effet Nernst assez spectaculaire, 100 à 1000 fois plus grand que dans la phase normale. Des mesures d'effet Nernst et Ettingshausen ont été effectuées dans des supraconducteurs conventionnels comme Nb, Sn et In[116] dans les années 70 et plus récemment dans $YBa_2Cu_3O_7$, $Bi_2Sr_2CaCu_2O_8$ optimalement dopé[117] au début des années 90 et un modèle phénoménologique simple en a résulté. Selon ce modèle, l'équation bilan du mouvement d'un vortex s'écrit:

$$-S_{\Phi}\nabla T - \eta v + f_p = 0$$

sous l'action de la force thermique $(-S_{\Phi}\nabla T)$, le frottement $(-\eta v)$ et la force de pinning $(f_p)$. La force thermique est proportionnelle au gradient thermique et on définit ainsi une entropie par unité de longueur de vortex $S_{\Phi}$. Le coefficient de viscosité $\eta$ est le même que celui qui entre en jeu dans la résistivité flux-flow et décrit la dissipation. D'après la relation de Josephson, la tension créée par un vortex en mouvement est $E = B \times v$. Avec ceci, on estime la vitesse moyenne de vortex inférieure à $0.1 \text{cm.s}^{-1}$ d'après les valeurs typiques d'effet Nernst[118].

En absence de piégeage, comme c'est le cas au-dessus de la ligne d'irréversibilité pour les cuprates, on montre que le coefficient de Nernst pour les vortex est le rapport de l'entropie à la viscosité:

$$\upsilon = \frac{S_{\Phi}}{\Phi_0 \eta}$$

D'un autre côté, le pouvoir thermoélectrique s'élargit sous champ proportionnellement à la résistivité dans la phase mixte et est dominé par les quasiparticules, contrairement à l'effet Nernst. Plus exactement, le courant de quasiparticules n'est pas annulé par des courants supraconducteurs au niveau des coeurs de vortex, comme c'est le cas à champ nul en l'absence de vortex. Ainsi, on montre que le pouvoir thermoélectrique dans la phase mixte vérifie la relation[120] :

$$\frac{TEP}{TEP_n} = \frac{\rho}{\rho_n}$$

où $TEP_n$ et $\rho_n$ représentent respectivement le pouvoir thermoélectrique et la résistivité de la phase normale. Lorsqu'on prend en compte l'angle de Hall dont tourne les quasiparticules d'une part $(\alpha)$ et les vortex de l'autre $(\beta)$; les expressions de S et de $\upsilon$ deviennent[119]:

$$TEP = \frac{\rho}{\rho_n} TEP_n(1 + \alpha\beta) + \frac{cS_{\Phi}\rho}{\Phi_0}\beta$$

$$\upsilon = \frac{cS_{\Phi}\rho}{\Phi_0} + \frac{\rho}{\rho_n} TEP_n(\alpha - \beta)$$

Comme les deux angles $\alpha$, $\beta$ sont égaux dans la limite sale, dans le cadre du modèle de Bardeen-Stephen, on retrouve à l'ordre le plus bas les expressions initiales de $\upsilon$ et TEP. Ainsi, dans la phase mixte, le rapport $\frac{TEP}{\upsilon B}$ est de l'ordre de l'unité et par conséquent l'angle de Hall thermoélectrique est très different de celui obtenu pour la résistivité, conformément à ce qui a été rapporté dès le début[121].

L'allure caractéristique de l'effet Nernst et de la résistivité dans la phase mixte de $YBa_2Cu_3O_7$ optimalement dopé est représentée dans Ref[117]. La transition résistive s'élargit au fur et à mesure que le champ magnétique augmente. Parallèlement, l'effet Nernst devient non nul au-dessus de la meme température que la résistivité, dans le régime appelé liquide de vortex et développe un maximum à l'approche de Tc, qui se prolonge au-delà. La température de seuil correspond à la ligne d'irréversibilité mais la température du maximum n'est à priori pas corrélée avec aucun détail sur la résistivité et on peut simplement l'interpréter comme une frontière où la mobilité de vortex est maximale. Ainsi, la correspondance entre la résistivité et l'effet Nernst dans la phase mixte est la conséquence naturelle du mouvement de vortex.

L'intérêt principal de l'effet Nernst dans la phase mixte a été de permettre une détermination de l'entropie de vortex, en combinant avec la résistivité flux-flow, étant donné qu'on a:

$$S_\varPhi = \frac{\upsilon B}{\rho\,\varPhi_0}$$

Dans une vision naïve, cette entropie de transport représente l'excès d'entropie dans le coeur de vortex par rapport au condensat superfluide. Elle est attribuée aux états localisés dans le coeur de vortex, dont l'énergie est inférieure à celle du gap[101]. C'est aussi la différence d'entropie entre le supraconducteur avec un vortex et celui dans l'état Meissner à la même température et champ magnétique. Par ailleurs, elle est consistante avec celle que donne l'effet Etting-shausen[118]. Autrement dit, les résultats expérimentaux sont en conformité avec la relation d'Onsager et donc cette façon d'extraire l'entropie a bien un sens. D'autre part, on doit à K.Maki le premier calcul de l'entropie de vortex dans le formalisme de Ginzburg-Landau, elle s'écrit[122] :

$$S_\varPhi(T) = \frac{\varPhi_0}{4\pi T}\frac{H_{c2}(T) - H}{1.16(2\kappa^2 - 1) + 1}L_D(T) = -\varPhi_0 < M > L_D(T)$$

où $\kappa$ est le paramètre de Ginzburg-Landau et $L_D(T)$ une fonction numérique compliquée qui vaut 1 à Tc et 0 à T=0. Donc l'entropie est proportionnelle à l'aimantation dans la phase mixte en première approximation, conformément à l'intuition. La comparaison directe avec l'expérience est néanmoins difficile à cause de cette fonction $L_D(T)$. Cependant l'entropie expérimentale s'avère inférieure à celle qu'on attendrait d'après cette formule, ce qui a été interprété comme la preuve que les cuprates sont dans la limite propre et qu'on ne peut pas négliger la quantification des niveaux de coeur de vortex[124]. En fait, l'expression de Maki a surtout été utilisée pour extraire la pente de $H_{c2}$ près de Tc, et on trouve le même ordre de grandeur que celle déduite de l'aimantation ou de la chaleur spécifique[123]. Ceci représente le succès principal de cette description phénoménologique de l'effet Nernst dans la phase mixte, d'autant plus qu'il s'avère impossible d'accéder à $H_{c2}$ directement par la résistivité.

L'étude de la dynamique des vortex par effet Nernst constitue donc un complément d'information à la résistivité. On a ainsi un moyen de determiner expérimentalement, en combinant l'effet Nernst à la résistivité, l'entropie de transport associée aux vortex dans la phase mixte. Dans le premier, il s'agit du mouvement engendré par une force thermique alors que dans le second, par une force de Lorentz. L'avantage par rapport à la résistivité est double: on s'affranchit non seulement de la contribution des quasiparticules mais aussi des effets due à la variation locale de la force. En effet, le gradient thermique qui se crée dans l'échantillon est indépendant du désordre comme de la distribution locale des vortex. Ceci peut en partie expliquer pourquoi il n'y a visiblement pas l'équivalent de peak effect pour le gradient thermique critique, contrairement au courant critique. Cependant, une étude systématique sur ce sujet reste à faire. Le même argument montre que les résultats d'effet Nernst ne souffrent pas de la qualité des échantillons étudiés en général, comme pour le pouvoir thermoélectrique.

# PARTIE II:

# ASPECTS TECHNIQUES

Chapitre 4

Description de l'expérience

Nous décrivons dans cette partie le dispositif expérimental comme les précautions prises pour le bon déroulement des mesures.

## 4.1 Description du porte-échantillon

Le porte-échantillon qu'on utilise est constitué d'un chauffage et deux thermometers (fig.4.1), dispositif couramment employé pour mesurer la conductivité thermique. L'échantillon est collé par un de ses bords à une plaque en cuivre servant de source froide. On le chauffe par l'autre extrémité à l'aide d'une résistance $RuO_2$, créant ainsi un gradient thermique longitudinal, que l'on mesure à l'aide des deux thermomètres résistifs, $RuO_2$ ou Cernox dans notre cas. L'ensemble est dans un vide de l'ordre de $10^{-5}$mbar, de façon à ce que les thermomètres indiquent bien la température aux deux points de l'échantillon. On a besoin, pour la même raison, d'éviter les fuites thermiques entre les thermomètres et le porte-échantillon, c'est pourquoi ceux-ci sont montés sur de longs fils en manganin, qui sont de plus torsadés pour minimiser le bruit sous

champ magnétique. En revanche, on essaie d'avoir le meilleur contact thermique possible entre l'échantillon et les thermomètres : ils sont reliés par des fils
d'argent, avec des contacts métalliques. Les contacts sont faits à la main avec
l'epoxy d'argent (Dupont 6838) chauffé à 450°C pendant 15min pour les monocristaux, et par déposition d'or pour les couches minces. La spécificité de notre
montage est que ces mêmes contacts permettent la mesure de tensions électriques. L'avantage est de pouvoir ainsi comparer l'angle de Hall associé au pouvoir thermoélectrique et à la résistivité en s'affranchissant toute incertitude liée
au facteur géométrique. En effet, les fils d'argent partant de l'échantillon, deux
transverses et quatre longitudinales, sont eux aussi soudés à des fils de manganin torsadés de façon à isoler thermiquement l'échantillon tout en permettant la
mesure d'une tension électrique.

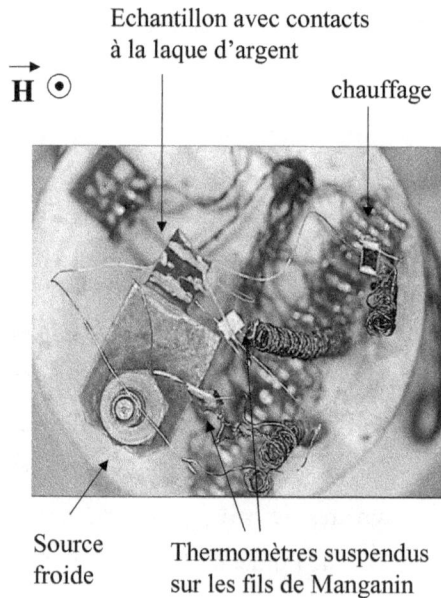

Figure 4.1: Dispositif experimental

## 4.2 Description des mesures d'effet Nernst

Le principe de mesure d'effet Nernst consiste à appliquer un courant de chauffage dans l'échantillon de façon à créer un gradient thermique longitudinal $\Delta T_x$ et de mesurer la tension électrique $\Delta V_y$ transverse qui en résulte, en présence d'un champ magnétique. Dans notre cas, ce champ est toujours orienté perpendiculairement aux plans CuO. On mesure indépendamment le gradient thermique que l'on crée. Le signal Nernst correspond au rapport $\frac{\Delta V_y}{\Delta T_x}$ fois le facteur géométrique (fig.4.2). Nous n'avons pas d'étalon pour le coefficient de Nernst; nous nous contenterons d'essayer d'estimer l'erreur expérimentale sur la tension électrique transverse et sur le gradient thermique.

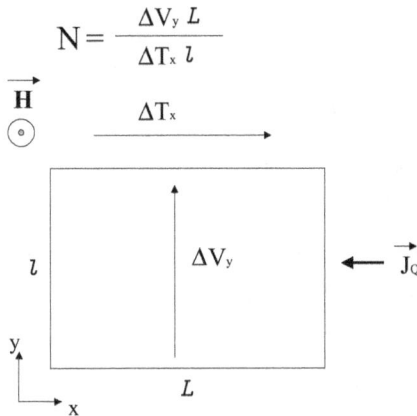

$$N = \frac{\Delta V_y \; L}{\Delta T_x \; l}$$

$\overrightarrow{H}$

$\Delta T_x$

$l$  $\Delta V_y$  $\overleftarrow{J_Q}$

$y$

$x$  $L$

Dans la prati                           en fonction du

champ magn                          1 température à

champ magnétique constant. De façon générale les mesures jusqu'à 12T sont le résultat de balayages en température avec une puissance de chauffage continue. Nous avons alors utilisé un cryostat à $^4$He avec une bobine supra NbTi. En revanche, les mesures jusqu'à 28T correspondent à des balayages en champ à température constante, avec une puissance de chauffage alternative. Nous avons eu à notre disposition un cryostat à $^3$He et une bobine résistive 30T de type Bitter au Laboratoire de Champs Magnétiques Intenses à Grenoble. La consistance entre les deux séries de données nous rassure sur la fiabilité de nos mesures.

- Puissance de chauffage appliquée à l'échantillon

La puissance de chauffage qu'on applique aux échantillons est de l'ordre de quelques mW, bien inférieure en tout cas à la puissance de régulation dans la gamme de température(4K-100K) où nous travaillons. La température du porte-échantillon est régulée par le thermomètre de référence directement collé sur le porte-échantillon, qui sert aussi à la calibration des deux autres thermomètres suspendus. A basse température, entre 1,5K et 4K, nous sommes limités par la puissance frigorifique de notre cryostat, et ce malgré le piège à charbon installé à cet effet. Cette pompe à charbon se trouve au-dessus d'un pot d'He sur lequel nous fixons le porte-échantillon, et l'adsorption des atomes d'He sur le charbon poreux permet de descendre en dessous de 4,2K. Nous avons peu de contrôle sur les points à basse température car l'offset (la tension mesurée sans courant de chauffage) varie fortement en température alors que le signal dû au courant de chauffage devient faible et délicat à extraire. Nous ignorons l'origine de la variation rapide de l'offset avec la température, nous pensons simplement que cela ne provient pas des échantillons, puisqu'elle est récurrente. Il semblerait qu'une plus grande puissance frigorifique soit nécessaire; nous avons constaté qu'une fois la pompe regénérée et la température régulée (avec le courant de chaleur appliqué), il est possible de se débarrasser de l'offset en prenant la partie antisymétrique du signal.

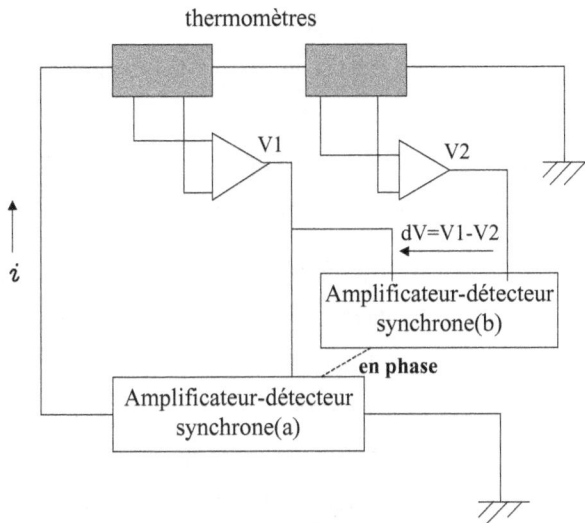

thermomètres

Figure 4.3: Schéma du circuit électronique pour la mesure du gradient thermique.

Nous avons aussi veillé à ne pas surchauffer l'échantillon tout en créant un gradient thermique suffisamment grand pour une bonne sensibilité. Pour cela, la règle empirique est d'augmenter la puissance de chauffage parallèlement à la température tout en gardant le rapport $\frac{\nabla T}{T}$ inférieur à 5% de façon à rester dans un régime de réponse linéaire. En revanche, nous avons systématiquement appliqué le même courant de chauffage dans les deux sens du champ magnétique dans chaque échantillon, et dans la mesure du possible à tous les champs où nous avons fait un balayage en température.

- Précautions prises pour la mesure de tension continue

La mesure d'une tension continue à basse température est une affaire délicate. Nous avons utilisé deux nanovoltmètres bas-bruits pour mesurer les tensions transverses et longitudinales dues au gradient thermique. Il faut prendre soin de s'affranchir du pouvoir thermoélectrique des fils de mesure. A cette fin, nous avons essayé de minimiser le contact entre les métaux différents sur notre montage, et de l'échantillon jusqu'aux nanovoltmètres nous avons la séquence suivante: échantillon/fils d'Argent/fils de Manganin/fils de Cuivre

Il y a seulement trois étapes où les fils sont thermalisés sur le cryostat avec soudures en étain sur des masses thermiques. Aussi, afin de réduire le bruit, nous avons évité toute jonction à température ambiante et nous avons vissé directement les fils de cuivre provenant du cryostat sur les plots en cuivre des nanovoltmètres. Nous avons de plus fait un moyennage assez long(2-3 min par point) pour améliorer le rapport signal sur bruit et ce surtout dans le cas des couches minces où le signal est particulièrement faible.

Nous avons soustrait systématiquement la tension thermoélectrique des fils à chaque point mesuré en faisant la différence du signal sans courant de chauffage et avec courant de chauffage appliqué à l'échantillon. Nous avons aussi employé un courant thermique alternatif de très basse fréquence (~mHz) dans la résistance chauffante, la réponse électrique au gradient thermique oscillant provenant exclusivement de l'échantillon et non des fils. Cette méthode s'est révélée particulièrement utile pour travailler à très haut champ (28T) où les vibrations mécaniques induisent beaucoup de bruit dans le signal. De plus, la tension transverse due à l'effet Nernst est polluée par le pouvoir thermoélectrique de l'échantillon même, du fait du mésalignement des contacts. Les valeurs de ce facteur de mésalignement($\beta$) estimées pour chaque échantillon à partir de la résistance à l'ambiante sont rapportées dans le tableau 5.1. Pour la corriger, nous avons répété chaque mesure dans les deux sens du champ magnétique ce qui nous a permis d'extraire la partie antisymétrique du signal, correspondant exclusivement à l'effet Nernst. Ceci exige une assez bonne reproductibilité des mêmes conditions thermiques pour les deux sens du champ. Nous estimons l'erreur à 80mK en moyenne, la régulation étant stable à ±2mK près. En présence d'un courant de chauffage la température de l'échantillon augmente en moyenne de 3K par rapport à celle du porte-échantillon, ce qui limite la reproductibilité.

- Précautions prises pour la mesure du gradient thermique

Il s'agit de mesurer avec le plus de précision possible la différence de résistance entre les deux thermomètres en contact avec deux points distant de 1cm environ sur l'échantillon. Le procédé est le même que celui utilisé pour la résistance des échantillons: il s'agit d'une mesure à quatre fils(§4.3). Nous avons schématisé sur la figure 4.3 le circuit électronique correspondant. La mesure différentielle $dV$ des tensions aux bornes des deux thermometers est nécessaire pour une plus grande précision. La différence de résistance entre les deux thermomètres en absence de gradient thermique réel représente typiquement 0.3% de la valeur d'une résistance $RuO_2$ à 4K, et 13.6% d'une résistance Cernox. La lecture différentielle de $dV$ nous donne une resolution de ±15mΩ dans le cas de $RuO_2$, ce qui correspond à environ ±0.2mK à 4K. Nous appliquons un même courant alternatif aux deux thermomètres, de l'ordre de quelques μA afin de ne pas les surchauffer tout en gardant une bonne sensibilité. Nous avons aussi pris soin de garder la même valeur de courant lors d'une série de mesures sur un échantillon donné.

- La calibration des thermomètres de mesure du gradient thermique

L'étalonnage des thermomètres résistifs sous champ magnétique est un vraie casse-tête expérimental. La magnétorésistance induit une erreur systématique, qu'il s'agit de corriger de façon astucieuse. Nous avons partiellement fait une telle correction, en négligeant la magnétorésistance de notre thermomètre de référence et en faisant un étalonnage des thermomètres de mesure par rapport à celui-ci. En effet, l'emploi d'un Cernox est un bon compromis entre une gamme de sensibilité assez large et une magnétorésistance assez faible, du moins jusqu'à 12T. Une calibration soigneuse jusqu'à 13T a en effet montré que la magnétorésistance est inférieure à 0.3% au-delà de 10K[125]. Pour les mesures à très haut champ magnétique, on s'est fié au fait que le gradient thermique dans une couche mince de $Bi_2Sr_2CuO_6$ est celui du substrat isolant de $SrTiO_3$ et devrait donc être invariant par rapport au champ.

Cette calibration est refaite à chaque mesure, en référence à un meme thermomètre qui se trouve sur le porte-échantillon. Typiquement, nous mesurons la résistance des deux thermomètres à chaque température en absence de courant de chaleur dans l'échantillon, après avoir attendu suffisamment longtemps (5min) pour une régulation stable et pour que l'équilibre thermique soit atteint. Nous étalonnons un des thermomètres par rapport au thermomètre de référence et puis le deuxième thermomètre par rapport au premier. Ceci minimise les incertitudes numériques liées à l'extrapolation de la température à partir de la résistance. Ainsi, nous estimons l'erreur relative par rapport à la température de référence à 4% pour $RuO_2$ et à 1% pour Cernox. Quant à l'erreur relative sur le gradient thermique, nous avons un rapport $(T_2 - T_1)_{I_{ch}=0}/(T_2 - T_1)_{I_{ch}\neq 0}$ inférieur à 7.3% pour $RuO_2$ et à 14% pour Cernox.

La précision finale sur le gradient thermique est donc l'erreur due à l'étalonnage à laquelle s'ajoute la résolution expérimentale sur la mesure différentielle de la résistance des thermomètres. Nous n'avons pas testé directement notre porte-échantillon pour l'exactitude de la mesure du gradient thermique avec, par exemple, la vérification de la loi Wiedemmann-Franz dans un métal ordinaire comme l'or mais une telle vérification a été faite avec succès sur un porte-échantillon similaire.

## 4.3 Description des mesures de résistivité

La mesure de la résistance est faite a priori indépendamment de la mesure d'effet Nernst, avec la méthode standard dite à quatre fils. Avoir des fils de mesure de tension indépendants de ceux par lesquels on applique le courant électrique permet en effet de s'affranchir de la résistance parasite des fils et des contacts. D'un autre côté, il faut s'assurer que les résistances de contacts restent faible, elles valent ~100mΩ à l'ambiante avec la laque que nous utilisons.

La mesure consiste en un balayage en température à champ magnétique constant, à une vitesse inférieure à 0.6K/min. La température de l'échantillon est mesurée directement avec l'un des thermomètres suspendus, ceci afin d'éviter un écart éventuel par rapport à la température du porte-échantillon. Nous avons appliqué un courant électrique alternatif de basse fréquence (~11Hz) et de l'ordre de 10 à 100μA de façon à ne pas chauffer l'échantillon tout en ayant un signal sufisamment grand. Nous avons fait une détection synchrone et utilisé un amplificateur (de gain 100) afin d'avoir un bon rapport signal sur bruit. L'incertitude sur la valeur de la résistivité provient essentiellement du facteur géométrique et non de la mesure de résistance. Nous l'avons estimé sous microscope et récapitulé dans le tableau 5.1. Pour pouvoir comparer l'effet Nernst et la résistivité sans ambiguïté et extraire l'entropie de transport, il fallait aussi s'assurer que les deux mesures soient faites à la même température. En ce qui concerne les balayages en température cela ne pose pas de problème particulier, et une simple extrapolation linéaire est suffisante pour avoir la même température pour les deux séries de données. Mais lors des mesures jusqu'à 28T où nous faisions un balayage en champ, il a fallu les mesurer simultanément.

Chapitre 5

Caractérisation des échantillons

## 5.1 Présentation des échantillons

Nous avons mesuré deux monocristaux de $La_{2-x}Sr_xCuO_4$ et deux couches minces de $Bi_2Sr_2CuO_6$.

Ces deux familles ont une température critique faible par rapport aux autres cuprates et n'ont qu'un seul plan $CuO_2$ par maille élementaire. C'est à C.Marin que l'on doit la fabrication ainsi que la caractérisation des monocristaux de $La_{2-x}Sr_xCuO_4$[126]. Quant aux couches minces, elles sont prepares par pulvérisation cathodique sur des substrats de $SrTiO_3$ dans le groupe de H.Raffy[127]. Ce sont des films epitaxiés de façon à ce que la direction de la piste gravée soit celle des axes cristallins Cu-O qui sont parallèles aux bords du substrat. Les caractéristiques principales des quatres échantillons sont récapitulées dans le tableau 5.1.

Les températures critiques Tc ainsi que la largeur de la transition supraconductrice sont déterminées à partir de la résistivité à champ nul, selon le critère 10%-90% de la résistance à la transition. Les quatres échantillons étant sous-dopés les transitions sont plutôt larges. Ceci est plus particulièrement vrai pour les couches minces de $Bi_2Sr_2CuO_6$, comme on peut le voir sur la figure 5.1; par ailleurs on sait que la transition y est plus large qu'avec un dopage au La. Une incertitude persiste sur le dopage de ces couches minces; les valeurs que nous leur avons attribuées proviennent de la comparaison du rapport $\frac{\sigma_x}{\sigma_{opt}}(300K)$ de la conductivité à 300K sur celle du composé optimalement dopé avec le même rapport dans $Bi_2Sr_{1.94}La_{0.06}CuO_6$ d'après la ref.[59]. En effet, il a été précédemment établi dans ce composé que ce rapport est lié au dopage de façon systématique.

Ainsi, une valeur de $\frac{\sigma_x}{\sigma_{opt}}(300K) = 0.434$ dans $Bi_2Sr_2CuO_6(b)$ correspondrait à

$x = 0.07$ et $\frac{\sigma_x}{\sigma_{opt}}(300K) = 0.605$ dans $Bi_2Sr_2CuO_6(a)$ correspondrait à $x = 0.09$.

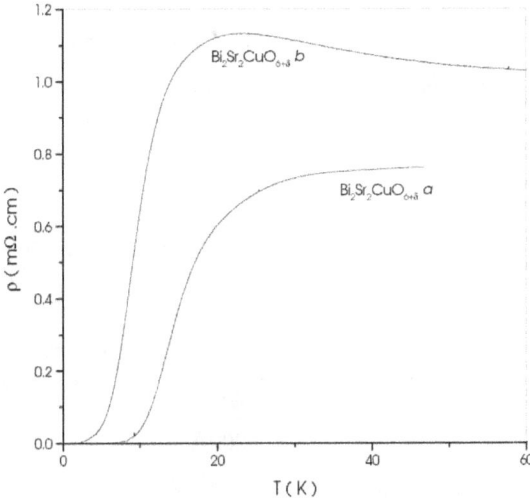

Figure 5.1: Résistivité à champ nul en fonction de la température dans
$Bi_2Sr_2CuO_6(a)$ et $Bi_2Sr_2CuO_6(b)$.

La figure 5.2 représente la résistivité en fonction de la température entre 4K et
300K pour les monocristaux de $La_{2-x}Sr_xCuO_4$ étudiés. Pour l'échantillon
$La_{1.94}Sr_{0.06}CuO_4$ la transition à champ nul avait initialement une structure, que
l'on attribue couramment à une inhomogénéité extrinsèque, due à la répartition
non homogène du dopant chimique. Il a été traité à l'oxygène pendant 10 jours,
sous une pression de 10 bars à 450°C, après une première série de mesures.
Nous l'avons à nouveau mesuré et la transition est devenue plus raide et sans

structure suite à ce traitement. Une valeur plus grande de la résistivité à l'ambiante comme une Tc plus basse nous font penser que l'échantillon est légèrement plus sous-dopé une fois réoxygéné. Les valeurs de résistivité à l'ambiante $\rho$(300K) de $La_{1.92}Sr_{0.08}CuO_4$ comme de $La_{1.94}Sr_{0.06}CuO_4$ (ox) sont très comparables à celles que l'on trouve dans la littérature: 2m$\Omega$.cm pour x=0.06 et 1m$\Omega$.cm pour x=0.08 d'après Y.Ando et al.[128] d'une part, et 2.2m$\Omega$.cm pour x=0.07 d'après H.Takagi et al.[10]. Ceci nous conforte dans l'idée que le dopage est bien celui que l'on croît.

| échantillon | LSCO | LSCO (ox) | Bi2201(b) | Bi2201(a) | LSCO |
|---|---|---|---|---|---|
| Tc (K) | 15.8±6.5 | 11.4±2.1 | 8.9±5.6 | 17.5±6.5 | 24.5±3.6 |
| x | 0.06 | 0.06 | 0.06-0.07 | 0.08-0.09 | 0.08 |
| $R_{300K}(\Omega)$ | $65.3\ 10^{-3}$ | $67.5\ 10^{-3}$ | 295 | 190 | $24.9\ 10^{-3}$ |
| $\rho_{300K}$(m$\Omega$.cm) | 1.36 | 1.72 | 1.76-2.65 | 1.26-1.9 | 0.86 |
| épaisseur | 0.2mm | 0.2mm | 2600-3000Å | 2600-3000Å | 0.3mm |
| S/L (cm) | 0.0209 | 0.0255 | $6.6\ 10^{-6}$ | $6.6\ 10^{-6}$ | 0.0361 |
| $l_x/l_y$ | 1.128 | 0.918 | 3 | 3 | 0.68 |
| $\beta$ | 7.8% | 11.4% | 4% | 4% | 6.2% |

Tableau 5.1: Caractéristiques des échantillons étudiés.
Tc la température critique, x le dopage présumé, R(300K) et $\rho$(300K) la résistance et la résistivité à l'ambiante respectivement, l'épaisseur du monocristal ou de la couche mince, S/L et $l_x/l_y$ les facteurs géométriques pour la résistivité et l'effet Nernst, $\beta$ le facteur de mésalignement des contacts transversaux.

Nous avons aussi rapporté dans le tableau 5.1 les détails concernant l'épaisseur des échantillons ainsi que la géométrie des contacts. Parmi ceux qui nous ont paru importants, il y a les facteurs géomètriques $\frac{l_x}{l_y}$ et $\frac{S}{L}$ pour l'effet Nernst et la résistivité respectivement. Ces facteurs ont été estimés sous microscope. En effet, la détermination expérimentale de toute propriété de transport se bute à l'incertitude sur ce facteur géométrique. Enfin, nous avons également ajouté le facteur β de mésalignement des contacts transverses, déterminé comme le rapport de résistance transverse sur longitudinal $R_{trans}/R_{long}$ à l'ambiante. Nous avons fait en sorte d'obtenir le mésalignement le plus faible possible, puisque ceci influence directement la résolution expérimentale pour l'effet Nernst (chap.6).

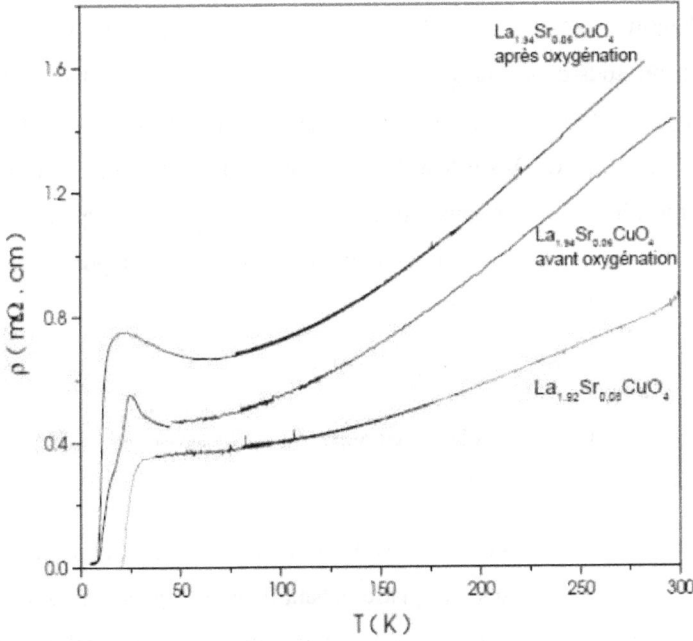

Figure 5.2: Résistivité à champ nul en fonction de la température jusqu'à 300K dans La$_{1.92}$Sr$_{0.08}$CuO$_4$ et La$_{1.94}$Sr$_{0.06}$CuO$_4$ avant et après oxygenation.

## 5.2 Mesures Préliminaires de Résistivité Sous Champ Magnétique

Nous passons en revue dans ce paragraphe le comportement sous champ magnétique de la résistivité des échantillons étudiés. Notre but est de montrer au préalable qu'il est possible de les classer par ordre de dopage croissant au vu des courbes de résistivité sous champ, les échantillons les plus sous-dopés ayant une plus forte tendance à la localisation. Ceci est en accord avec le dopage effectif qu'on leur attribue d'après la résistivité. Le seul point de litige est de déterminer entre $Bi_2Sr_2CuO_6(a)$ et $La_{1.94}Sr_{0.06}CuO_4$ lequel est le plus sous-dopé.

Nos échantillons illustrent bien la difficulté expérimentale liée à la qualité des cuprates très sous-dopés dans l'étude de la transition supraconducteur-isolant. Nous abordons le problème de l'inhomogénéité plus particulièrement dans le cadre de $La_{1.94}Sr_{0.06}CuO_4$ sur lequel nous avons tenté un traitement en oxygène pour y remédier. Nous faisons enfin allusion à la transition supraconductrice telle qu'elle est vue par la résistivité et comparons avec le comportement connu des composés optimallement dopés et surdopés.

- La localisation observée est en accord avec le classement en fonction du dopage

L'allure générale des courbes de résistivité montre une évolution progressive vers la phase isolante dans les quatre échantillons au fur et à mesure que le champ magnétique augmente, avec un comportement non-métallique qui se développe à basse température dans la résistivité avant qu'elle ne sature et chute à zéro à la transition supraconductrice. Ainsi, les figures 5.3, 5.4, 5.5, 5.6

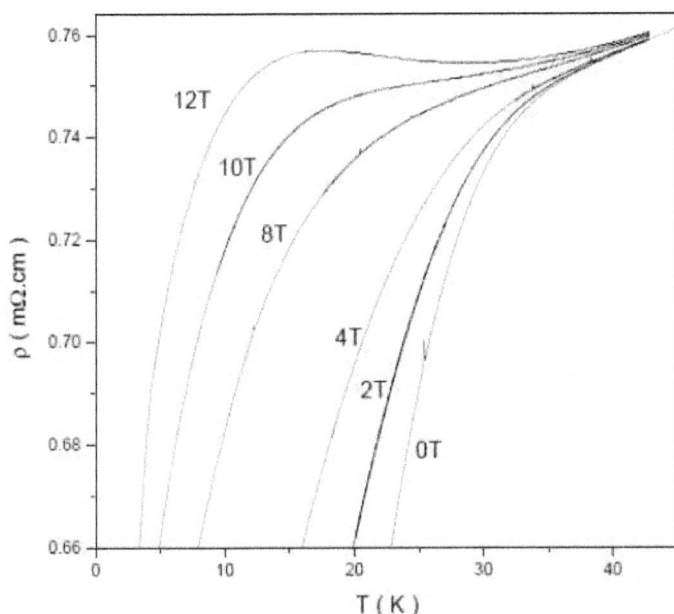

Figure 5.3: Résistivité en fonction de la température jusqu'à 12T dans
$Bi_2Sr_2CuO_6$(a).

montrent la résistivité en fonction de la température de 0 à 12T dans
$Bi_2Sr_2CuO_6$(a), $Bi_2Sr_2CuO_6$(b), $La_{1.94}Sr_{0.06}CuO_4$ avant et après oxygénation.
Pour $La_{1.92}Sr_{0.08}CuO_4$ nous avons représenté sur la figure 5.7 la résistivité en
fonction du champ magnétique jusqu'à 28T à différentes températures allant de
3K à 57K. Nous pouvons classer les échantillons en deux catégories vis-à-vis de
la localisation. Dans un premier temps, nous avons affaire à des échantillons où
la résistivité reste métallique jusqu'à Tc à champ nul mais devient non-
métallique seulement à partir d'un certain champ; c'est le cas de
$La_{1.92}Sr_{0.08}CuO_4$ et $Bi_2Sr_2CuO_6$(a)qui sont modérémment sous-dopés. Ce champ
seuil est 12T dans $Bi_2Sr_2CuO_6$(a), inférieur à celui de $La_{1.92}Sr_{0.08}CuO_4$ qui est
environ 26T. Dans un deuxième temps nous avons étudié des échantillons plus
sous-dopés. Ils ont à champ nul une remontée dans la résistivité precedent la

transition supraconductrice et l'application du champ ne fait qu'élargir le domaine où la résistivité est non-métallique, au fur et à mesure que la transition se déplace vers les basses températures.

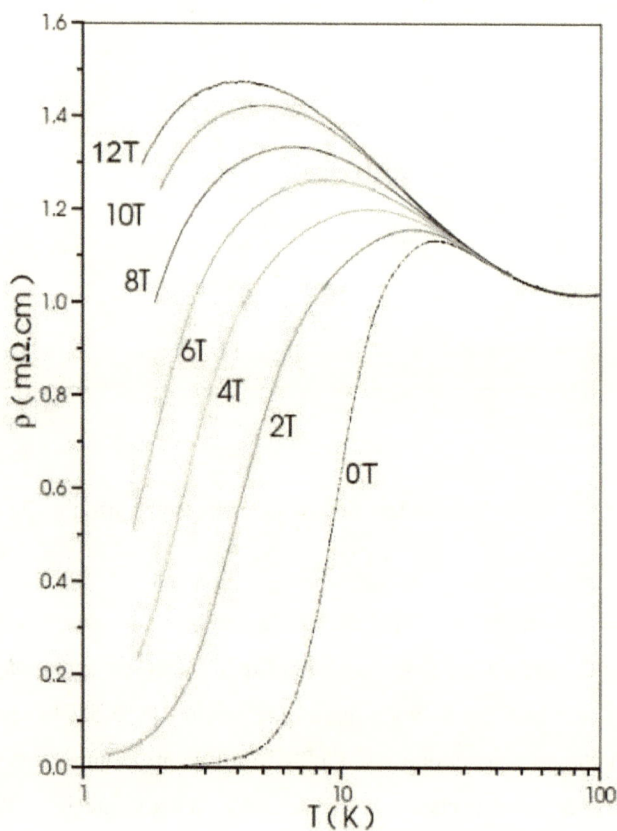

Figure 5.4: Résistivité en fonction de la température jusqu'à 12T dans $Bi_2Sr_2CuO_6$(b).

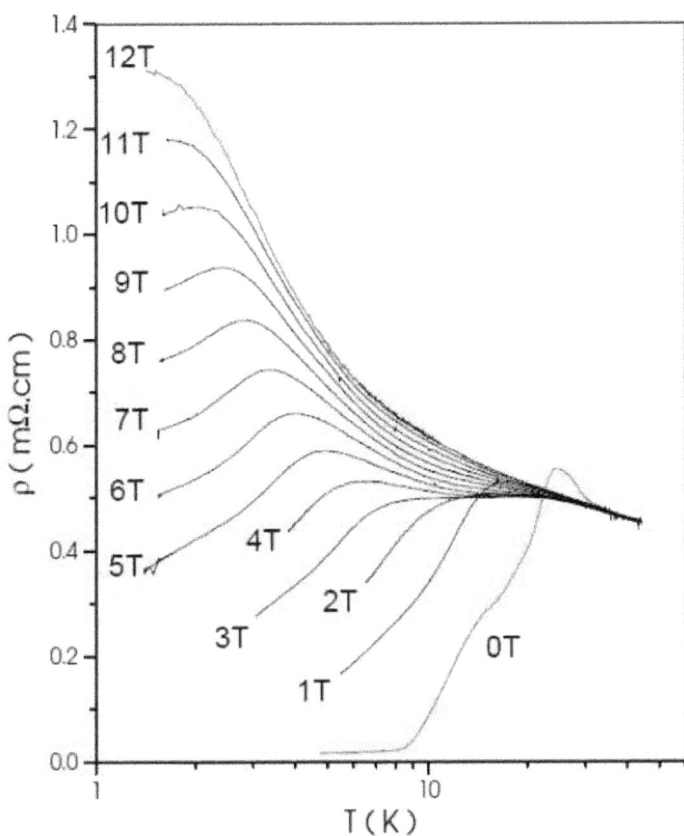

Figure 5.5: Résistivité en fonction de la température jusqu'à 12T dans La$_{1.94}$Sr$_{0.06}$CuO$_4$ avant oxygenation.

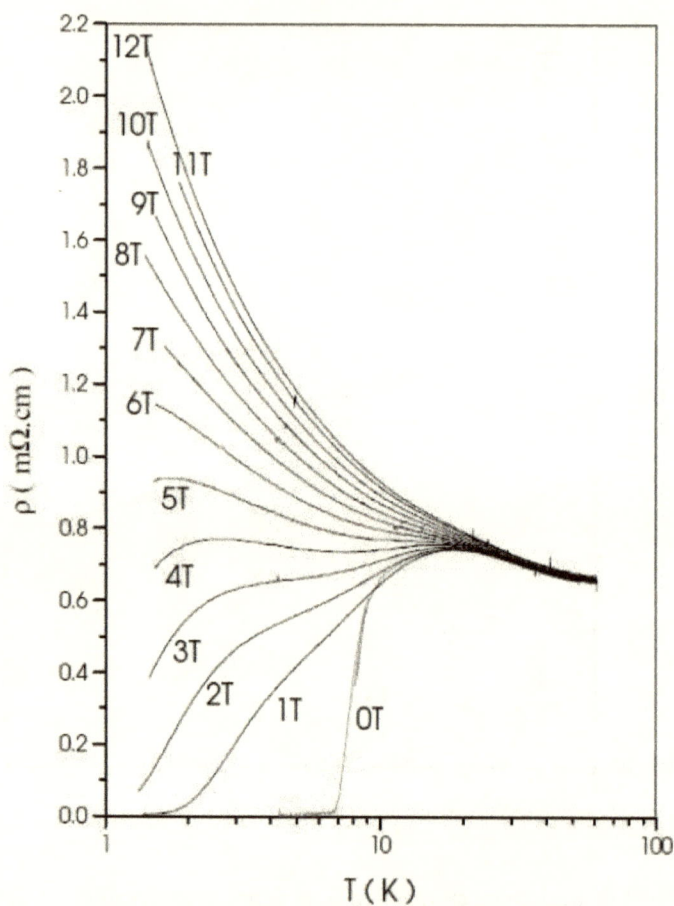

Figure 5.6: Résistivité en fonction de la température jusqu'à 12T dans $La_{1.94}Sr_{0.06}CuO_4$ après oxygenation.

Il n'y a pas de critère simple pour définir quantitativement la proximité à la phase isolante de nos échantillons, étant donné qu'il n'est pas possible de distinguer l'effet des trois paramètres qui entrent en jeu dans la transition supraconducteur-isolant: le champ magnétique, la faible densité de porteur et le désordre. De plus, l'incertitude sur le facteur géométrique rend difficile toute comparaison entre les couches minces et les monocristaux basée sur la résistivité. Néanmoins, en comparant qualitativement le comportement sous champ de la résistivité nous pouvons affirmer que plus l'échantillon est sous-dopé plus il est près de la transition supraconducteur-isolant, conformément à ce qu'on attend d'après le diagramme de phase générique des cuprates. Concrétement, l'échantillon le plus proche de la transition supraconducteur-isolant est $La_{1.94}Sr_{0.06}CuO_4$ réoxygéné, étant donné la courbure vers le haut de la résistivité à partir de 5T et l'absence même de transition supraconductrice jusqu'à 1.5K. Dans l'ordre de dopage croissant vient ensuite $Bi_2Sr_2CuO_6(b)$ où la localisation est d'emblée observable, mais avec une transition supraconductrice toujours présente à 12T. Enfin, il y a $Bi_2Sr_2CuO_6(a)$ puis $La_{1.92}Sr_{0.08}CuO_4$ où la localisation commence seulement à partir de 12T et 26T respectivement.

- Questions ouvertes concernant la transition supraconducteur-isolant

La question principale est certainement de savoir si le champ induit lui même la localisation, ou bien il ne fait que détruire la supraconductivité au profit de la phase isolante. Par exemple, est-ce que la localisation apparaissant à haut champ dans $Bi_2Sr_2CuO_6(a)$ et $La_{1.92}Sr_{0.08}CuO_4$, est due ou non au champ magnétique? Rappelons que les travaux de Malinovski et al. sur des couches minces de $La_{2-x}Sr_xCuO_4$ aboutissent à la possibilité d'un état normal métallique à champ nul, distinct de l'état isolant observé à haut champ[67].

Reste aussi à déterminer quelle est la loi en température de la résistivité en présence de localisation.(§1.2.2) Nos résultats, limités à des champs qui se révèlent insuffisants à détruire complètement la supraconductivité ne nous permettent pas de distinguer un comportement en $\log(\frac{1}{T})$ ou en $\exp(\frac{1}{T^{1/4}})$. Typiquement, l'intervalle de température où nous observons une remontée de la résistivité est à peine une décade. Ainsi, notre incapacité à faire le tri entre les deux lois nous laisse penser que dans le domaine du diagramme (H,T) que nous nous proposons de sonder par effet Nernst, les fluctuations supraconductrices sont présentes au-delà de la transition résistive Tc(H). Notre argument est que la magnétorésistance reste grande et positive et que le régime haut champ où elle est quasi-constante n'est pas encore atteint[70].

Notons aussi l'impossibilité de définir un champ et une résistivité critique correspondant à la transition supraconducteur-isolant, contrairement au modèle de M.P.A.Fisher.(§1.2.2) En particulier, sur la figure 5.7 les courbes de résistivité en fonction du champ à différentes températures ne se croisent pas en un point unique comme on l'attendrait d'un point critique (R*,H*). De plus, on n'observe pas clairement de régime intermédiaire entre la phase supraconductrice et isolante où la résistivité devient indépendante de la température à basse température sur les figures 5.3, 5.4, 5.5, 5.6. L'absence de ce point critique a déjà été remarquée dans un certain nombre de travaux.(§1.2.2) Nous pensons qu'une des raisons possibles est l'inhomogénéité, comme dans le cas de $La_{1.94}Sr_{0.06}CuO_4$. En effet, nous attribuons à l'inhomogénéité la structure à champ nul dans la transition résistive, qui se développe en deux pics aux champs intermédiaires et qui survit au traitement à l'oxygène.

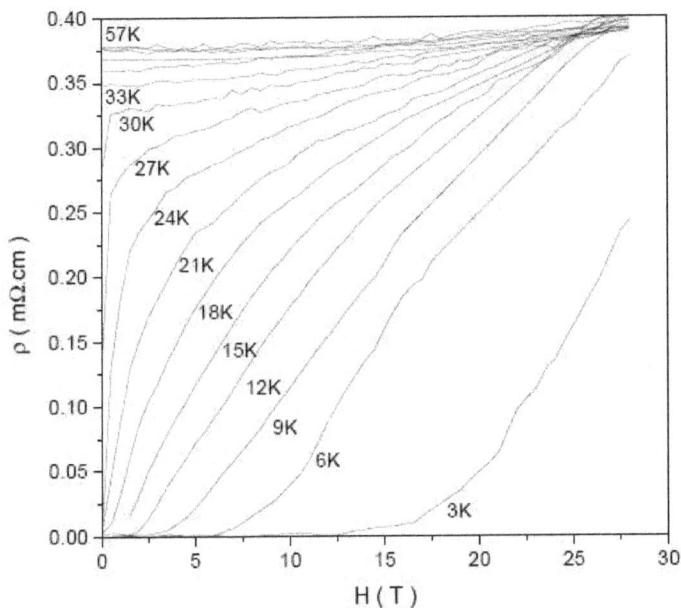

Figure 5.7: Résistivité en fonction du champ magnétique jusqu'à 28T dans
$La_{1.92}Sr_{0.08}CuO_4$

- La transition supraconductrice

Nous pouvons enfin commenter la transition supraconductrice elle-même en
soulignant que chaque échantillon semble constituer un cas à part, et ce bien que
nous avons étudiés des échantillons assez proches en dopage. Nous constatons
que, abstraction faite de la localisation, la transition devient de plus en plus
raide au fur et à mesure que le champ magnétique augmente dans le cas de
$Bi_2Sr_2CuO_6$(a).(fig. 5.3) Pour $Bi_2Sr_2CuO_6$(b), elle se translate simplement vers
les basses températures.(fig. 5.4) Au contraire dans les deux $La_{2-x}Sr_xCuO_4$, elle
s'élargit avec le champ.(fig. 5.5, 5.6, 5.7)

Pour résumer, la résistivité devient non-métallique au fur et à mesure que le champ augmente, dans les quatres échantillons étudiés, et ceci nous a permis de les classer dans un ordre de dopage croissant. Nous n'avons visiblement pas réussi à détruire complètement la supraconductivité aux champs les plus élevés à notre disposition dans aucun des échantillons.

# PARTIE III:

# RESULTATS D'EFFET NERNST

Chapitre 6

L'effet Nernst au-dessus de Tc

Nous allons présenter dans ce paragraphe nos résultats concernant la phase normale. D'une part, nous présentons des mesures d'effet Nernst au-dessus de Tc et nous montrons qu'il y a un bon accord avec les données déjà publiées[34],[35]. D'autre part, nous comparons l'angle de Hall thermoélectrique à l'angle de Hall électrique et essayons de montrer ainsi en quoi l'effet Nernst au-dessus de Tc est anormal.

Le comportement de l'effet Nernst en fonction de la température est représenté sur la figure 6.1 jusqu'à 100K dans $La_{1.92}Sr_{0.08}CuO_4$ et $Bi_2Sr_2CuO_6$(b) et jusqu'à 60K dans $La_{1.94}Sr_{0.06}CuO_4$, au champ magnétique le plus élevé, comme indiqué sur la figure, que nous avons eu à notre disposition. Nous n'avons pas inclu $Bi_2Sr_2CuO_6$(a) faute de mesures au-delà de 40K. Nous nous sommes limité à 100K car au-delà de cette température notre façon de mesurer le gradient thermique n'est plus fiable, les thermomètres n'indiquent plus fidèlement la température de l'échantillon du fait de pertes thermiques par radiation.

D'après la figure 6.1, le maximum de l'effet Nernst se prolonge en une longue queue au-dessus de Tc, jusqu'à au moins 100K dans $La_{1.92}Sr_{0.08}CuO_4$. Quant à

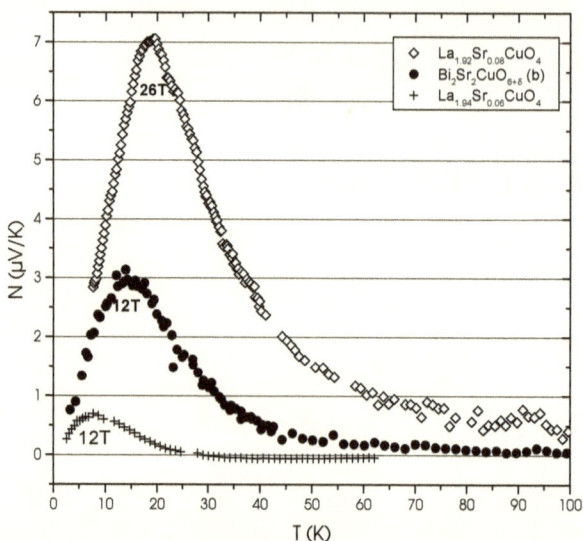

Figure 6.1: Effet Nernst au-dessus de Tc dans $La_{1.92}Sr_{0.08}CuO_4$, $Bi_2Sr_2CuO_6$(b) et $La_{1.94}Sr_{0.06}CuO_4$.

$La_{1.94}Sr_{0.06}CuO_4$, il semblait y avoir un prolongement positif, du moins jusqu'à 45K, dans l'échantillon initial. Cependant, après oxygénation, nous observons un signal Nernst qui change de signe vers 30K et reste négatif jusqu'à au moins 60K. La figure 6.2 montre la comparaison de l'effet Nernst avant et après oxygénation, en fonction de la température à un champ de 12T dans $La_{1.94}Sr_{0.06}CuO_4$. L'échantillon $Bi_2Sr_2CuO_6$(b) est un cas intermédiaire où le signal Nernst est positif au-dessus de Tc quoique nettement plus faible que dans le cas de $La_{1.92}Sr_{0.08}CuO_4$. Il s'annule vers 100K et nous le soupçonnons de changer de signe au-delà.

D'autre part, nous avons montré précédemment à partir de la résistivité qu'on peut classer ces trois échantillons dans l'ordre de dopage croissant, et nous considérons donc que la figure 6.1 permet de comparer trois dopages différents, soit du plus sous-dopé ($La_{1.94}Sr_{0.06}CuO_4$) au modéremment sous-dopé

(La$_{1.92}$Sr$_{0.08}$CuO$_4$) en passant par un dopage intermédiaire (Bi$_2$Sr$_2$CuO$_6$(b)). Nous constatons que l'amplitude du signal Nernst est d'autant plus faible que l'échantillon est proche du dopage critique x$_c$ = 0.05 où la supraconductivité est détruite. Ceci est en accord avec le fait que les contours d'effet Nernst constants dans le diagramme (T,x) s'arrêtent à la frontière supraconducteur-isolant, comme le montre une étude systématique en fonction du dopage[35].

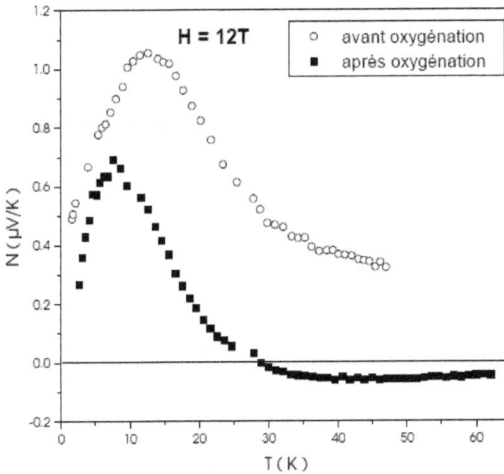

Figure 6.2: Effet Nernst à 12T avant et après oxygénation dans La$_{1.94}$Sr$_{0.06}$CuO$_4$

Nous reviendrons sur cette diminution de l'effet Nernst à l'approche de la transition supraconducteur-isolant dans l'analyse de l'entropie de vortex.(§10.3) La difficulté expérimentale pour mesurer l'effet Nernst dans la phase normale est d'extraire la composante purement transverse du signal total, à laquelle s'ajoute aussi une composante longitudinale du fait du mésalignement des

contacts.(§4.2) Or le pouvoir thermoélectrique devient grand dans la phase
normale et le signal

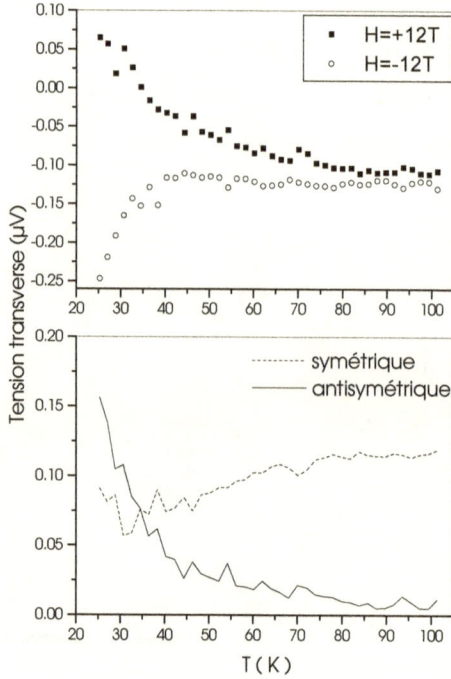

Figure 6.3: Signal transverse brut à 12T au-dessus de Tc dans $Bi_2Sr_2CuO_6$(b)

Nernst ne représente plus que quelques % du signal total. La figure 6.3 illustre
bien ceci dans le cas de $Bi_2Sr_2CuO_6$(b): nous y avons représenté la tension
électrique transverse à 12T en fonction de la température, telle qu'elle est
mesurée pour les deux sens du champ magnétique, après correction du pouvoir
thermoélectrique des fils. Nous y avons associé la partie symétrique et
antisymétrique du signal. La figure 6.4 montre une courbe analogue pour
$La_{1.94}Sr_{0.06}CuO_4$ après oxygénation où le changement de signe déjà mentionné
correspond au fait que les courbes pour -12T et +12T se croisent vers 30K. La
faiblesse du signal à extraire impose une reproductibilité draconnienne pour le

gradient thermiqu~ ~~~~ ~~~ ~~~~ ~~~~ ~~ ~~~~~ ~~~~~~ ~~~~~~~ ~~~ de 2% en moyenne.

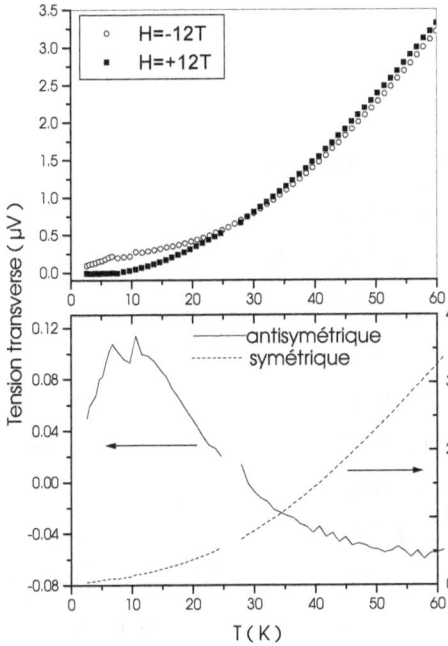

Figure 6.4: Signal transverse brut à 12T au-dessus de Tc dans $La_{1.94}Sr_{0.06}CuO_4$.

Quelle confiance peut-on avoir dans une valeur telle que -0.044μV/K, par exemple, correspondant l'effet Nernst à 12T et à 60K pour $La_{1.94}Sr_{0.06}CuO_4$? Il est difficile de définir l'erreur sur la valeur absolue de notre mesure, faute d'un étalon bien caractérisé ou de loi fondamentale simple reliant l'effet Nernst à d'autres propriétés de transport (l'équivalent de la loi Wiedemann-Franz). Un écart de température δT entre les deux sens du champ va produire une erreur sur la partie antisymétrique du signal qu'on peut exprimer sous la forme : $\beta \nabla T \frac{dS}{dT} \delta T$, avec $\beta$ le facteur de mésalignement des contacts latéraux (tableau 5.1), et $\frac{dS}{dT}$ la pente de la courbe de pouvoir thermoélectrique.

Pour $La_{1.94}Sr_{0.06}CuO_4$ on détermine ainsi une contribution de 10nV/K au signal transverse total qui ne serait pas corrigé en prenant la partie antisymétrique, ce qui est inférieur à la valeur trouvée. Nous avons défini de la même façon une marge d'erreur de 0.2nV/K à T=60K et H=12T pour $Bi_2Sr_2CuO_6$(b) et 4nV/K à T=60K et H=26T pour $La_{1.92}Sr_{0.08}CuO_4$. Notons en tout cas que ceci donne un coefficient de Nernst de -3.6nV/KT pour $La_{1.94}Sr_{0.06}CuO_4$, ce qui n'est pas incompatible avec l'ordre de grandeur du signal attribué aux quasiparticules[35]. Nous savons, par ailleurs, qu'un tel signal négatif a été observé dans la phase normale de $Tl_2Ba_2CaCu_2O_8$ surdopé[115] et dans les échantillons sous-dopés de $La_{2-x}Sr_xCuO_4$ à T>150K typiquement[34]. Rappelons que ce signal négatif dans notre cas est apparu suite au traitement en oxygène effectué sur $La_{1.94}Sr_{0.06}CuO_4$, qui était visiblement inhomogène et qui l'a rendu plus sous-dopé(§5.1). Donc l'absence d'une longue queue positive dans le cas de $La_{1.94}Sr_{0.06}CuO_4$ est assez suprenante, mais consistante avec l'atténuation de l'effet Nernst à l'approche de la transition supraconducteur-isolant.

Nous trouvons pour $La_{1.92}Sr_{0.08}CuO_4$ à 26T une valeur assez comparable aux données de Xu et al. dans la phase normale. Le signal Nernst brut est de 0.4µV/K à 100K, si on lui soustrait le terme $\frac{S\tan\theta}{B}$, avec le pouvoir thermoélectrique qui vaut 62µV/K et un angle de Hall $\tan\theta$ de 0.0015$T^{-1}$, il reste 12nV/K.T ce qui est légèrement supérieur compte tenu des 10nV/K.T que l'on attendrait pour un dopage x=0.1[35]. Quant à $Bi_2Sr_2CuO_6$(b), nous avons un signal supérieur à 3.4nV/K.T en dessous de 100K mais nous ne pouvons directement comparer à cause de l'incertitude sur le dopage mais aussi parce que nous n'avons pas mesuré l'angle de Hall électrique. Nos résultats confirment donc ceux de l'équipe de N.P.Ong dans la phase normale. Essayons à présent de comprendre en quoi le signal Nernst est anormal au-dessus de Tc dans les cuprates sous-dopés. Ce signal Nernst positif qui persiste au-delà de Tc est difficile à attribuer à des quasiparticules exclusivement, vu son amplitude.(§3.2.1) On montre que l'on peut mettre une barre de ~10nV/K.T pour un signal qui serait d'origine purement électronique[35]. Nous avons donc un intervalle qui s'étend de Tc jusqu'à au moins 100K où aux quasiparticules s'ajouterait une contribution a priori nouvelle.

La question expérimentale est donc de savoir comment séparer la partie anormale de la partie due aux quasiparticules dans le signal total. Le signal négatif à très haute température avait d'abord été identifié comme celui des quasiparticules et avait été systématiquement soustrait au signal mesuré aux autres températures[34]. Mais ceci n'est pas satisfaisant, étant donné que l'on sous-entend que la contribution négative des quasiparticules n'est pas dépendante de la température; hypothèse qui n'a pas lieu d'être si l'on se souvient que l'effet Nernst dans un métal ordinaire comme Al peut avoir un signe et une dépendance en température pas du tout triviaux. Une façon plus rigoureuse a été proposée depuis[35], afin d'isoler la partie anormale du signal Nernst dans les échantillons les plus sous-dopés: c'est de mesurer indépendamment l'angle de Hall électrique et de soustraire $\frac{S \tan\theta}{B}$ au signal Nernst total.(§8.2)

En effet, une façon équivalente de poser le problème est de faire remarquer que l'angle de Hall thermoélectrique n'est plus lié à l'angle de Hall électrique, comme on l'attendrait si seules les quasiparticules étaient à prendre en compte[131]. La figure 6.5 montre les cotangentes de l'angle de Hall électrique ($\cot\theta_{Hall}$) et thermoélectrique ($\cot\theta_{TEP}$) en fonction de la température pour $La_{1.92}Sr_{0.08}CuO_4$ et $La_{1.94}Sr_{0.06}CuO_4$ avant oxygénation. On constate que $\cot\theta_{TEP}$ a une forte dépendance en température, à l'instar de $\cot\theta_{Hall}$. Il faut rappeler que dans les composés très sous-dopés ce dernier est connu pour être dominé par le terme d'impuretés, d'où l'allure presque plate de la courbe[13].

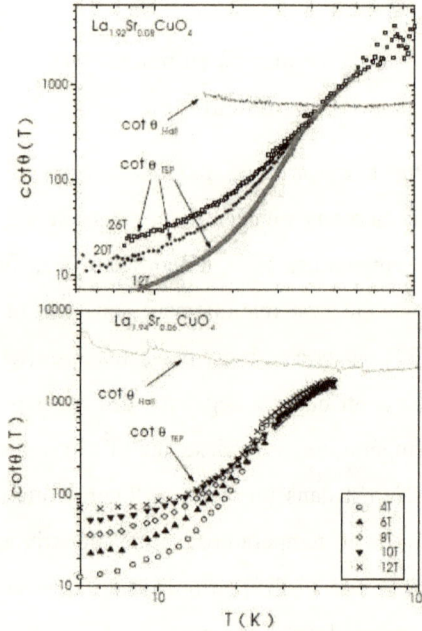

Figure 6.5: Cotangente de l'angle de Hall thermoélectrique $\cot\theta_{TEP}$ (symboles) et électrique $\cot\theta_{Hall}$ (trait plein) dans $La_{1.92}Sr_{0.08}CuO_4$ et $La_{1.94}Sr_{0.06}CuO_4$

L'angle de Hall thermoélectrique, quant à lui, augmente fortement au-dessus de Tc et tend à saturer à haute température. Cette saturation correspond justement à l'atténuation du signal Nernst. Nous prétendons qu'une telle différence de comportement entre les deux angles n'est pas triviale dans le cadre de la théorie de Boltzmann avec l'approximation du temps de relaxation car alors il y a une relation simple entre les tenseurs $\alpha$ de conductivité électrothermique et $\sigma$ de conductivité électrique et par conséquent entre les deux angles. Cela reste valable même dans le cas d'une surface de Fermi très anisotrope.

Historiquement, c'est ce qui a permis d'identifier que dans la phase mixte l'effet Nernst et le pouvoir thermoélectrique n'ont pas une origine commune (le premier est attribué au vortex, le second aux quasiparticules): on trouvait un rapport $\frac{N}{S}$, ou autrement dit la tangente de l'angle de Hall thermoélectrique, de l'ordre de l'unité, nettement supérieure à celle de l'angle de Hall électrique $\frac{R_H}{\rho}$. On pourrait, dans cette perspective, interpréter le désaccord entre les deux angles dans la phase normale comme une prevue indirecte que l'effet Nernst n'est pas seulement dû aux quasiparticules.

Pour résumer, on peut dire que le signal Nernst au-dessus de Tc se présente comme la somme d'une contribution de type quasiparticules et d'une contribution anormale. On a de bonnes raisons de penser que cette dernière est liée à la supraconductivité.(§8.1) Nous avons décrit comment le signal positif d'effet Nernst, que l'on sait être généré par les vortex dans la phase mixte, s'étend sur un intervalle de température assez large au-dessus de Tc dans nos échantillons sous-dopés. Visiblement, le terme positif anormal perd sa prépondérance lorsqu'on diminue le dopage, au profit du terme négatif, lié aux quasiparticules. Nous avons montré que ceci est en bon accord avec le résultat rapporté auparavant par Xu et al. Nous concluerons ce paragraphe en mentionnant que l'on sait à présent isoler la partie anormale du signal de façon satisfaisante mais que son origine comme son lien avec le pseudogap reste à élucider, ce que nous allons voir en détail dans le chapitre suivant.

Chapitre 7

Etude Comparative de l'effet Nernst et de la Résistivité dans la Phase Mixte des Cuprates Sous-dopés

## 7.1 Anomalies liées à l'effet Nernst à haut champ magnétique dans $La_{1.92}Sr_{0.08}CuO_4$

Nous voulons à présent nous concentrer sur l'effet Nernst en dessous de $T_{c0}(Tc(H=0))$, dans ce que l'on peut raisonnablement qualifier de phase mixte. Nous allons montrer que la variation de l'effet Nernst en fonction de la température ou du champ est en soi tout à fait conventionnelle mais que la comparaison avec la résistivité révèle une anomalie.

La figure 7.1 montre l'évolution de l'effet Nernst en fonction du champ magnétique jusqu'à 28T dans l'échantillon de $La_{1.92}Sr_{0.08}CuO_4$ à différentes températures allant de 3K à 57K. Ce qui frappe immédiatement l'attention est que le signal n'est pas simplement linéaire en H, à l'instar de l'effet Hall, sauf aux températures les plus hautes dans nos mesures, à partir d'environ 45K où on ne distingue plus clairement une courbure et ceci bien au-delà de $T_{c0}(24.5K)$. Aux plus basses températures, on remarque même un champ seuil à franchir pour avoir un signal non nul. Ce seuil existe aussi sur les courbes en fonction de la température et correspond, au moins dans le cas du dopage optimal, à la ligne d'irréversibilité telle qu'elle est déterminée par la résistivité. L'allure générale des courbes en fonction du champ à des temperatures inférieures à $T_{c0}$ est une rapide augmentation suivie d'une saturation et même d'une décroissance. Ce comportement est analogue à celui observé en fonction de la température.

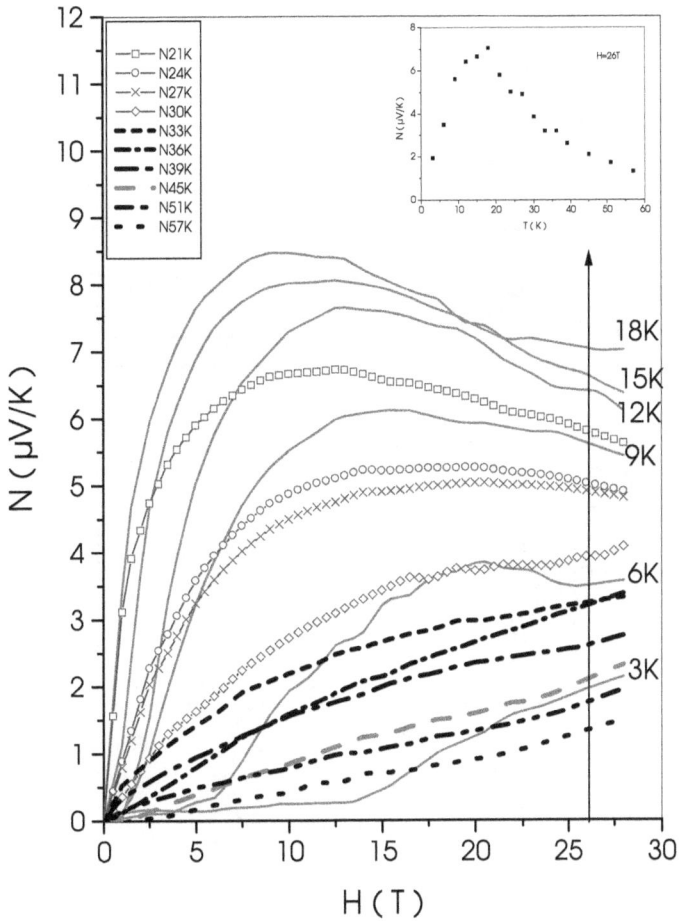

Figure 7.1: Effet Nernst en fonction du champ magnétique dans
$La_{1.92}Sr_{0.08}CuO_4$. Une coupe verticale comme indiquée par la flèche permet de
reconstituer la courbe en fonction de la température.

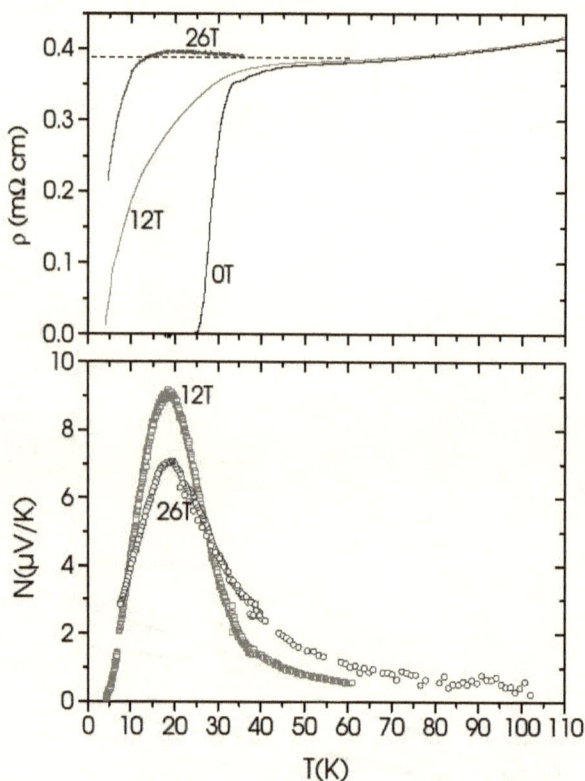

Figure 7.2: Effet Nernst et Résistivité en fonction de la température à 12T et 26T dans $La_{1.92}Sr_{0.08}CuO_4$

Pour mieux saisir la correspondance entre les courbes en fonction de T et de H, nous nous proposons de faire une coupe verticale au niveau de H=26T sur la figure 7.1, ce qui permet de reconstituer la variation en fonction de la température comme on peut le voir dans l'insert. Nous remarquons qu'il y a un accord satisfaisant avec la courbe mesurée en fonction de la temperature à un champ fixe de 26T dans le même échantillon (fig. 7.2). Autrement dit, le signal augmente rapidement en fonction du champ ou de la temperature au-delà d'un certain seuil et sature avant de décroître à l'approche de la phase normale.

L'allure de l'effet Nernst en soi est donc très similaire à celle que l'on connaît dans la phase mixte des cuprates dopés optimalement[117], avec un large maximum en dessous de $T_{c0}$ caractéristique des vortex. Néanmoins, il y a quelque chose d'inhabituel sur la figure 7.2 lorsque l'on compare l'effet Nernst et la résistivité. Ces deux propriétés de transport, que l'on sait être dues aux vortex dans la phase mixte, cessent visiblement d'être corrélées à très haut champ. Autant à 12T le maximum d'effet Nernst se trouve dans un intervalle de température correspondant à une résistivité flux-flow, autant à 26T il est bel et bien là où la résistivité a un comportement non-métallique! On constate également qu'entre 12T et 26T le maximum d'effet Nernst reste à la même température, contrairement à la transition supraconductrice vue par la résistivité, qui se déplace, elle, vers les basses températures. Ceci est une grande nouveauté par rapport aux composés dopés optimalement, où le maximum d'effet Nernst suit la transition résistive.

Nous avons représenté sur la figure 7.3 les contours d'effet Nernst et de résistivité constants dans le diagramme (H,T) à partir des données en function du champ, afin de mieux faire ressortir la divergence entre les deux measures dans notre échantillon $La_{1.92}Sr_{0.08}CuO_4$. Il est frappant de voir à quell point la zone de transition définie par la résistivité est sans rapport avec les contours d'effet Nernst circulaires et concentriques, délimitant une frontière quasi-verticale. Tout se passe comme si les deux mesures en question racontaient deux scénarios différents quant à la destruction de la supraconductivité par le champ magnétique.

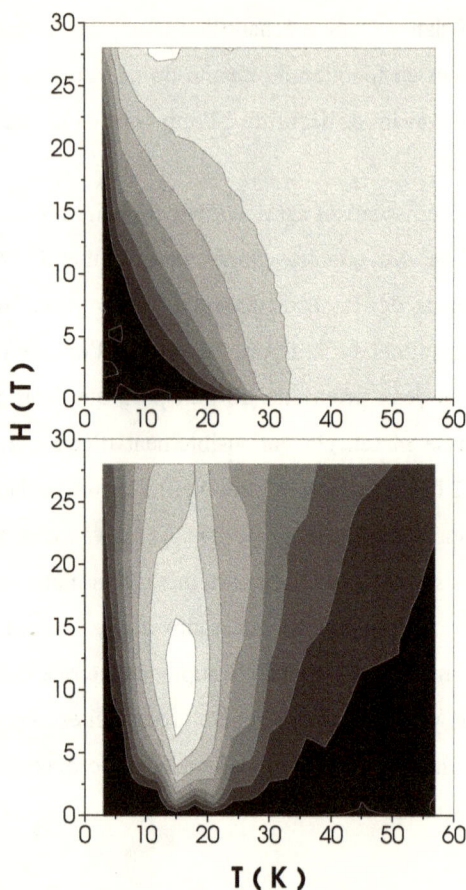

Figure7.3: Contours d'Effet Nernst et de Résistivité dans le diagramme (H,T) dans La$_{1.92}$Sr$_{0.08}$CuO$_4$

Par contraste, dans un composé surdopé La$_{1.8}$Sr$_{0.2}$CuO$_4$, les contours d'effet Nernst, toujours concentriques, s'inscrivent à l'intérieur de la zone de transition entre la ligne d'irréversibilité et H$_{c2}$[132]. La frontière qu'ils définissent n'est pas verticale dans ce cas. Cette frontière correspond au lieu du maximum de l'effet Nernst. Insistons sur le fait que la position du maximum n'a à priori pas une signification physique profonde. Elle ne correspond en particulier à aucune ligne de transition dans le diagramme de phase (H,T) mais se trouve simplement dans la région de la transition supraconductrice en résistivité. On peut l'interpréter comme une frontière où la mobilité de vortex passe par un maximum, définissant une séparation entre deux régimes dynamiques différents. A basse température, la vitesse des vortex est limitée par la viscosité qui devient trop grande et les vortex sont piégés. A haute température, elle est limitée par l'entropie de vortex qui tend vers zéro à l'approche de la phase normale. Etant donné que les contours sont circulaires, la même chose est valable en fonction du champ magnétique. La question est de savoir si cette interprétation peut aussi s'appliquer aux composés sous-dopés.

7.2 Confirmation dans les trois autres échantillons

Le fait qu'il n'y a plus de correspondance entre la résistivité et l'effet Nernst dans la phase mixte d'un composé sous-dopé comme $La_{1.92}Sr_{0.08}CuO_4$ est un résultat nouveau, intriguant, et il a été confirmé dans les trois autres échantillons de façon encore plus flagrante. Les figures 7.4, 7.5, 7.6, 7.7 montrent le comportement de l'effet Nernst ainsi que la résistivité en fonction de la température, à différents champs magnétiques jusqu'à 12T, dans les deux couches minces de $Bi_2Sr_2CuO_6$ et dans $La_{1.94}Sr_{0.06}CuO_4$ avant et après oxygénation.

Nous avons pour $Bi_2Sr_2CuO_6$(a) une situation assez similaire à celle de l'échantillon $La_{1.92}Sr_{0.08}CuO_4$. La transition résistive s'élargit avec le champ jusqu'à 8T et un début de localisation est visible à 12T, la résistivité jusque là étant une fonction croissante de la température. (fig. 7.4) L'amplitude de l'effet Nernst correspondant augmente entre 2T et 10T puis commence à diminuer à 12T; il est curieux de constater que ce champ correspond aussi au début de la localisation dans la résistivité. La position du maximum de l'effet Nernst

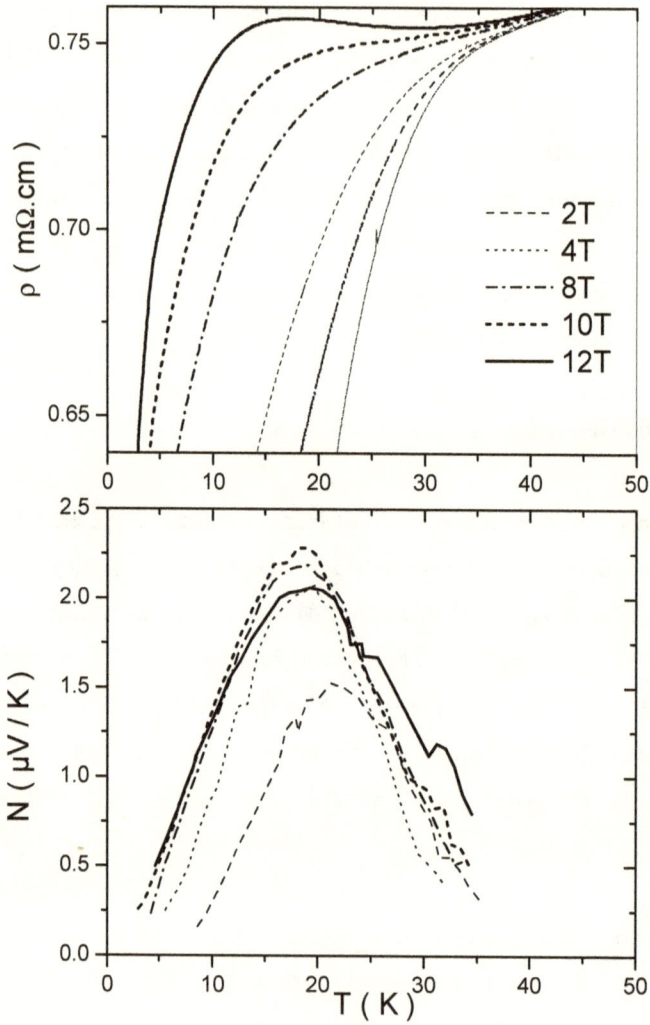

Figure 7.4: Effet Nernst et Résistivité en fonction de la temperature dans Bi$_2$Sr$_2$CuO$_6$ (a) jusqu'à 12T

semble se déplacer vers les températures plus basses au fur et à mesure que le signal augmente entre 2T et 10T, tout en restant dans la limite des barres d'erreur. Cependant à 12T, nous observons un maximum de l'effet Nernst autour de 19K où la résistivité correspondante a une remontée et sature à une température légèrement inférieure avant de chuter à zéro. La question est de savoir si l'on peut définir expérimentalement un champ critique au-delà duquel la résistivité et l'effet Nernst ne sont plus corrélés. Pour $Bi_2Sr_2CuO_6(a)$ ce champ serait 12T, pour $La_{1.92}Sr_{0.08}CuO_4$, 26T.

La situation est encore plus extrême pour les échantillons à la limite de la transition supraconducteur-isolant comme $La_{1.94}Sr_{0.06}CuO_4$ et $Bi_2Sr_2CuO_6$ (b) où la résistivité a un comportement isolant précédant la transition déjà à champ nul et il n'y a pas d'accord avec l'effet Nernst à aucun champ. On peut voir sur les figures 7.5, 7.6, 7.7 que dans $Bi_2Sr_2CuO_6$ (b) comme dans $La_{1.94}Sr_{0.06}CuO_4$, il y a une remontée dans la résistivité avant la transition supraconductrice à champ nul, qui s'accentue avec l'application du champ parallèlement au déplacement de la transition vers les températures plus basses. Après oxygénation de $La_{1.94}Sr_{0.06}CuO_4$ il n'y a plus trace de la supraconductivité à partir de 6T, du moins jusqu'à 1.5K(fig. 7.7). En ce quinconcerne l'effet Nernst, l'allure des courbes dans ces deux échantillons très sous-dopés en fonction de la température est très comparable aux deux premiers échantillons présentés, avec toujours un large maximum caractéristique de la phase mixte. Dans $Bi_2Sr_2CuO_6$ (b), ce maximum augmente jusqu'à 6T puis décroît.(fig. 7.5) Il n'y a pas de variation systématique dans la position de ce maximum avec le champ et il semble raisonnable de considérer que le pic ne bouge pas mais s'écrase sur place à haut champ. Pour $La_{1.94}Sr_{0.06}CuO_4$, l'amplitude de l'effet Nernst commence à décroître à partir de 8T avant l'oxygénation mais à un champ plus faible de 2T une fois réoxygéné. De plus, avant comme après le traitement en oxygène, le maximum se déplace curieusement vers des températures plus grandes au fur et à mesure que le champ magnétique augmente, en franche contradiction avec la transition résistive, comme c'est décrit sur les figures 7.6, 7.7. Notez bien que dans les deux échantillons, la température du pic à 12T reste inférieure à $T_{c0}$, quand bien même il se trouve là où la résistivité décroît avec la température.

Nous avons essayé de récapituler dans le tableau 7.1 les principales observations dans la phase mixte. Dans ce tableau, x représente le dopage présumé, $T_N^{max}$ la température du maximum moyennée à tous les champs, $H_N$ le champ où l'effet Nernst commence à décroître, $H_{loc}$ le champ où la localization apparaît en résistivité. Nous voulons ainsi souligner trois points pour décrire l'anomalie liée à l'effet Nernst dans les échantillons étudiés. Nous pensons que c'est le comportement générique des cuprates sous-dopés, à la proximité de la transition supraconducteur-isolant.

- La position du maximum

Le maximum de l'effet Nernst ne se déplace pas vers les basses temperatures lorsque le champ magnétique augmente, contrairement au cas de $YBa_2Cu_3O_7$ optimalement dopé, même si la transition résistive se déplace elle vers les basses températures. Dans les figures insérées, nous constatons qu'il n'y a pas de variation significative et systématique de la position du maximum. Au vu de l'ensemble, nous pouvons cependant affirmer que le maximum de l'effet Nernst se trouve à une température d'autant plus basse que l'échantillon est proche de la transition supraconducteur-isolant.(tableau 7.1)

106

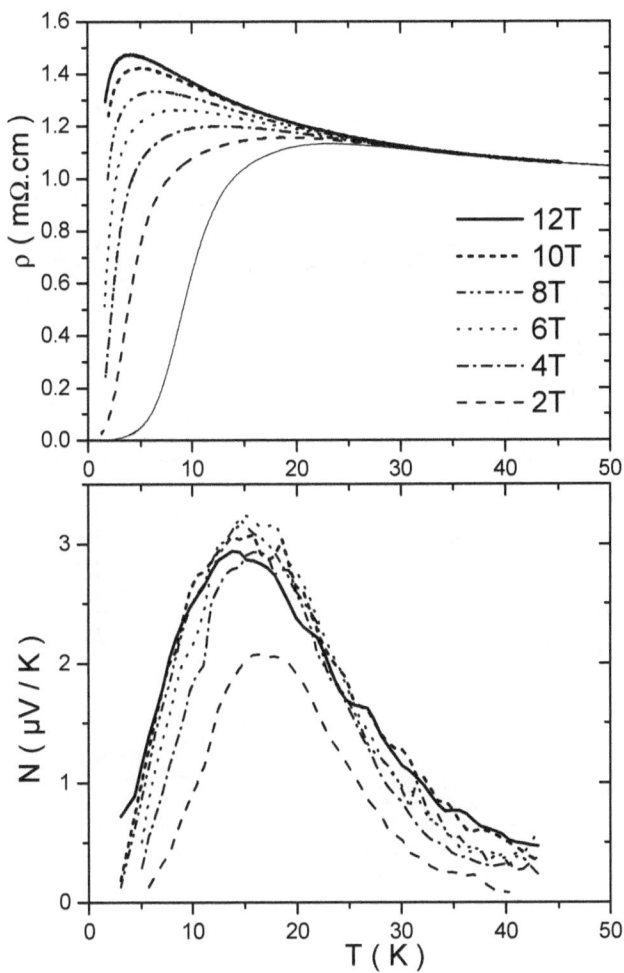

Figure 7.5: Effet Nernst et Résistivité en fonction de la température dans Bi$_2$Sr$_2$CuO$_6$ (b) jusqu'à 12T

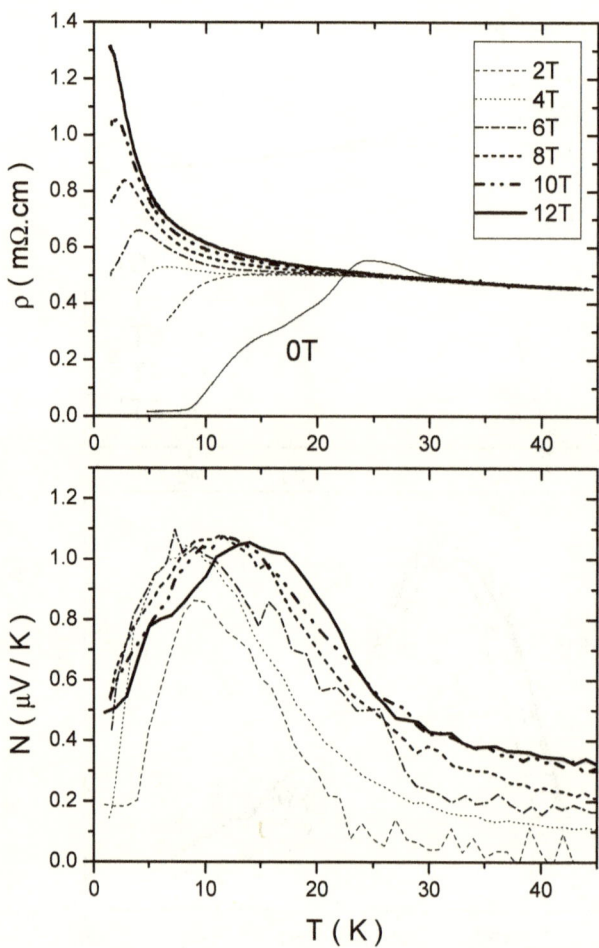

Figure 7.6: Effet Nernst et Résistivité en fonction de la température dans La$_{1.94}$Sr$_{0.06}$CuO$_4$ avant oxygénation jusqu'à 12T.

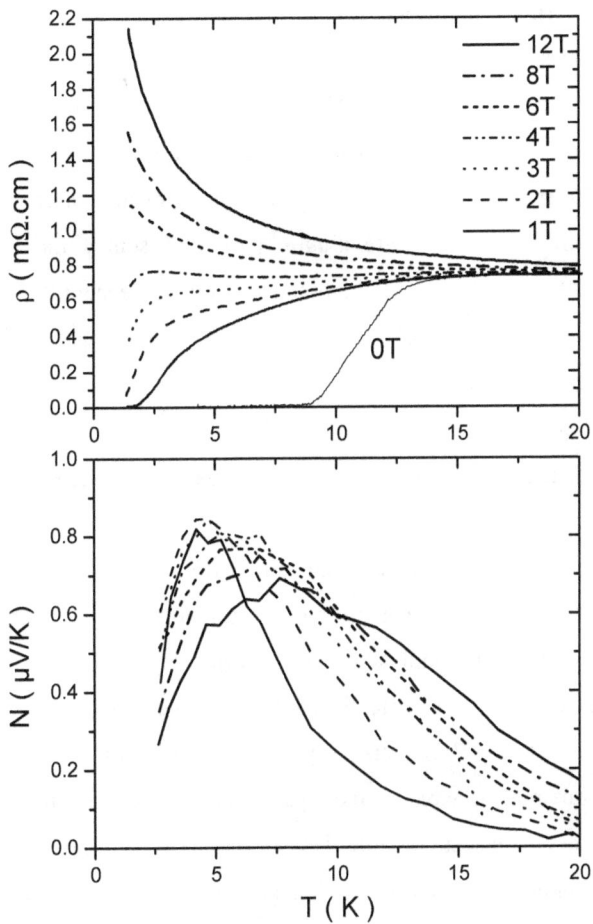

Figure 7.7: Effet Nernst et Résistivité en fonction de la température dans La$_{1.94}$Sr$_{0.06}$CuO$_4$ après oxygénation jusqu'à 12T.

- Lien avec la localisation vue en résistivité

Il n'y a pas de critère empirique simple pour déterminer le champ à partir duquel l'effet Nernst cesse de suivre la transition résistive. En particulier, le champ à partir duquel le pic de l'effet Nernst s'écrase sur place n'est pas corrélé avec celui où la localisation se manifeste dans la résistivité, sauf le cas particulier de $Bi_2Sr_2CuO_6$ (a). Ainsi on peut légitimêment penser que l'effet Nernst d'une part, et la résistivité d'autre part, obéissent à un mécanisme microscopique différent. L'élément commun aux quatres échantillons presents étant la proximité de la phase isolante, nos résultats suggèrent que l'effet Nernst n'est pas influencé par la localisation.

- Le point de démarrage de l'effet Nernst comparé à la résistivité

Est-ce qu'à basse température le point où l'effet Nernst devient non-nul coïncide toujours avec celle de la résistivité? En effet, la résistivité comme l'effet Nernst deviennent non-nuls une fois les vortex dépiégés dans les cuprates dopés optimalement. C'est effectivement ce que l'on observe pour $La_{1.92}Sr_{0.08}CuO_4$ à 12T (fig. 7.2), mais pas pour $Bi_2Sr_2CuO_6$ (a) à 2T (fig. 7.4). Le problème c'est que nous n'avons souvent pas de point assez bas en température pour confirmer que cela reste valable dans le régime sous-dopé. D'autre part, nous sommes limités par la sensibilité, le signal à extraire devenant faible par rapport à l'offset, pour les deux couches minces de $Bi_2Sr_2CuO_6$ en particulier. En réalité on ne sait pas avec exactitude s'il y a bien une correspondance entre le courant critique d'une part et le gradient thermique critique de l'autre: cela reste à être vérifié de façon rigoureuse à commencer par le dopage optimal.

| échantillon | x | $T_N^{max}$ | $H_N$ | $H_{loc}$ |
|---|---|---|---|---|
| $La_{1.94}Sr_{0.06}CuO_4$ (apr.oxy.) | 0.06 | 5.9K±1.4K | 2T | 0 |
| $La_{1.94}Sr_{0.06}CuO_4$ (av.oxy.) | 0.06 | 10K±1.9K | 8T | 0 |
| $Bi_2Sr_2CuO_6$ (b) | 0.07 | 15.4K±0.9K | 6T | 0 |
| $Bi_2Sr_2CuO_6$ (a) | 0.09 | 19.1K±1.3K | 12T | 12T |
| $La_{1.92}Sr_{0.08}CuO_4$ | 0.08 | 18.5K±1.3K | 15T | 26T |

Tableau 7.1: Récapitulation sur l'effet Nernst dans l'ensemble des échantillons.

Ainsi, lorsque l'on considère le comportement sous champ magnétique des quatres échantillons, tout se passe comme si l'effet Nernst n'était pas perturbé par l'émergence de la phase isolante et qu'il ne donne plus la même information que la résistivité quant à la destruction de la phase supraconductrice par le champ. Nous avons évoqué tout au début de ce chapitre un signal Nernst positif et anormalement élevé dans la phase normale dont l'origine et le lien avec le pseudogap reste à élucider ; la comparaison avec la résistivité révèle donc une nouvelle anomalie liée à l'effet Nernst, cette fois-ci concernant la phase mixte des cuprates sous-dopés. Sur les quatres échantillons que nous avons étudiés le diagnostic est le même: le maximum d'effet Nernst à haut champ se trouve à une température supérieure à celle de la transition résistive et il est curieusement accompagné d'une résistivité non-métallique. Cela constitue le résultat principal de cette thèse et qui contraste avec les cuprates optimalement dopés que nous avons décrit précédemment. Est-ce qu'une description en terme de vortex reste toujours pertinente? A-t-on un mécanisme microscopique différent pour les deux mesures dans la phase mixte des cuprates sous-dopés? C'est à de telles questions que nous tenterons de répondre au chapitre suivant.

7.3 L'effet Nernst à l'approche de la transition supraconducteur – isolant

Nous avons auparavant classé les quatres échantillons en fonction de leur proximité à la transition supraconducteur-isolant de façon qualitative, en nous référant à leur résistivité sous champ. Nous avons aussi discuté en détail l'effet d'un champ magnétique croissant sur le signal Nernst et nous l'avons comparé à la résistivité dans chacun des échantillons. Nous nous proposons à présent de comparer les différents échantillons en ce qui concerne l'évolution de l'effet Nernst et de la résistivité à l'approche de la transition supraconducteur-isolant. Nous allons montrer comment ces deux propriétés deviennent indépendantes l'une de l'autre, lorsque l'on considère des échantillons de plus en plus sous-dopés. Les deux figures 7.8, 7.9 suivantes permettent ainsi de récapituler nos résultats dans les quatres échantillons.

Dans un premier temps, intéressons-nous au comportement de l'effet Nernst et de la résistivité à un champ constant de 12T en fonction de la temperature (fig. 7.8). Pour $La_{1.94}Sr_{0.06}CuO_4$, les courbes avant et après oxygénation sont incluses. La résistivité à champ nul est ajoutée comme référence. Nous considérons les différents échantillons comme les sequences progressives de la transition vers la phase isolante, l'idée sous-jacente étant que c'est une transformation commune à tous ces échantillons.

A commencer par $La_{1.92}Sr_{0.08}CuO_4$, la résistivité à 12T s'élargit simplement tout en restant une fonction croissante de la température. A une étape plus avancée de la localisation, dans $Bi_2Sr_2CuO_6$ (a), un maximum apparaît en dessous de $T_{c0}$ suivi d'une transition abrupte. Puis ce maximum deviant de plus en plus prononcé dans $Bi_2Sr_2CuO_6$ (b) et $La_{1.94}Sr_{0.06}CuO_4$. Après oxygénation de ce dernier, la résistivité a un comportement isolant et la transition

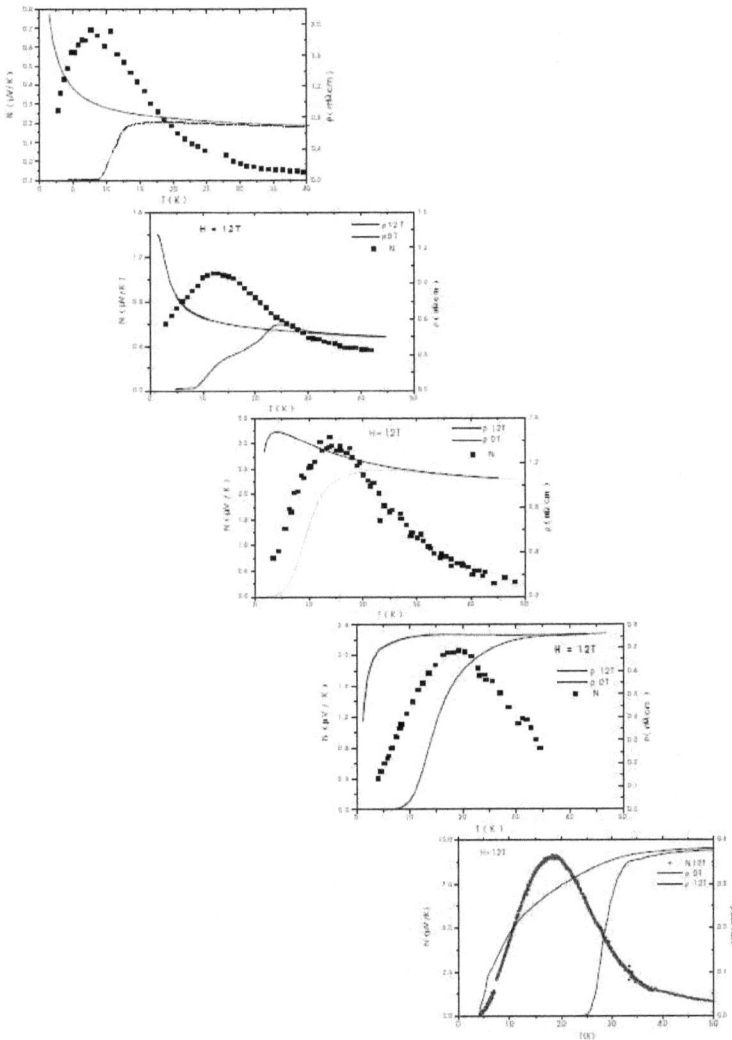

Figure 7.8: Effet Nernst (symbole) et Résistivité (trait plein) en fonction de la température à 12T pour l'ensemble des échantillons. La résistivité à champ nul est ajoutée comme référence. De haut en bas: $La_{1.94}Sr_{0.06}CuO_4$ après puis avant oxygénation, $Bi_2Sr_2CuO_6$ (b), $Bi_2Sr_2CuO_6$ (a), $La_{1.92}Sr_{0.08}CuO_4$.

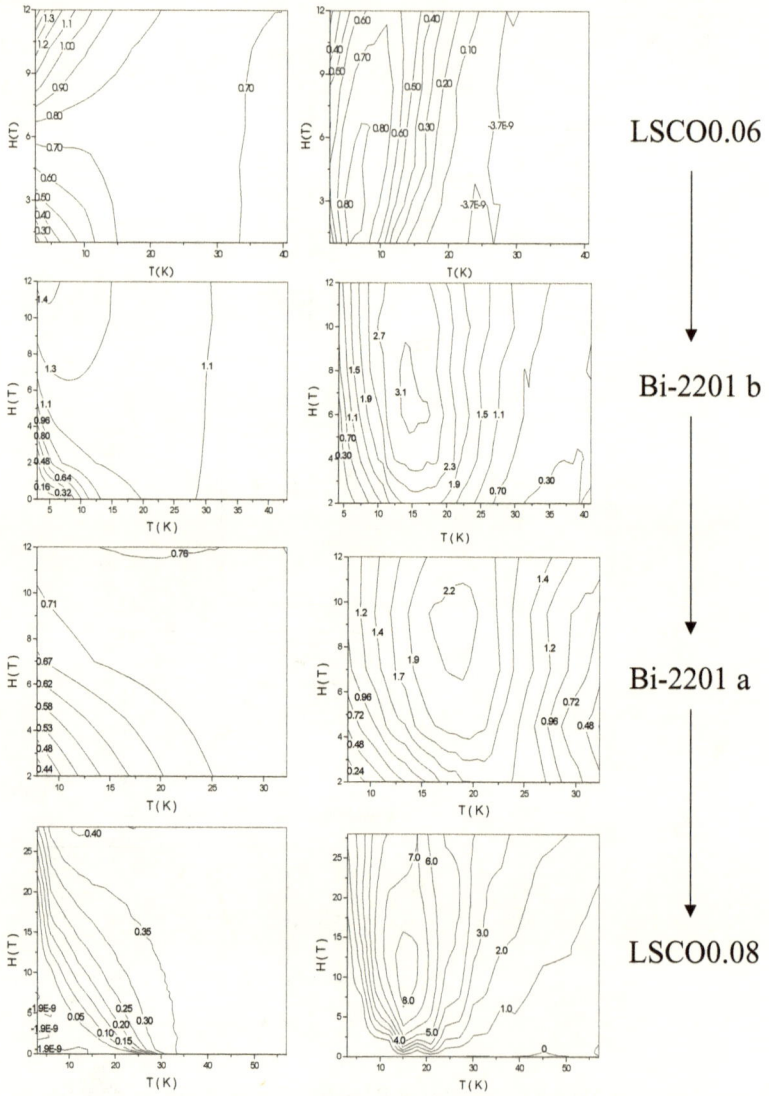

Figure 7.9: Contours d'Effet Nernst et de Résistivité dans le diagramme (H,T) pour
l'ensemble des échantillons.

supraconductrice, s'il y en a une, est repoussée en dessous du point le plus froid dans nos mesures. Parallèlement, l'effet Nernst a une allure similaire dans tous les échantillons, avec un large maximum caractéristique de la phase mixte, entre 10K et 20K selon les cas, qui se trouve en dessous de $T_{c0}$ mais pas forcément de Tc(12T). Ce maximum se trouve dans l'intervalle correspondant à la transition résistive à 12T pour $La_{1.92}Sr_{0.08}CuO_4$. A l'apparition de la localisation, le maximum de l'effet Nernst coïncide avec celui de la résistivité dans $Bi_2Sr_2CuO_6$ (a). Mais il reste à plus haute température que celui-ci pour les échantillons où la localisation est plus marquée à 12T, dans les cas de $Bi_2Sr_2CuO_6$ (b) et $La_{1.94}Sr_{0.06}CuO_4$. Ainsi, il est raisonnable de faire le lien entre l'effet d'une réduction de dopage avec l'effet d'une augmention du champ magnétique (§7.2).

La seconde figure représente de façon plus synthétique encore, dans le diagramme (H,T), les contours d'effet Nernst et de résistivité dans les quatres échantillons (fig. 7.9). Pour $La_{1.94}Sr_{0.06}CuO_4$ ce sont les données après oxygénation que nous avons choisi de montrer, mais ce choix est sans conséquence pour le propos que nous tenons ici. Les contours d'effet Nernst sont concentriques comme nous l'avons déjà mentionné pour $La_{1.92}Sr_{0.08}CuO_4$ et étonnament similaire d'un échantillon à l'autre, définissant une barrière quasi-verticale dont le sens reste à découvrir. Dans le cas particulier de $La_{1.94}Sr_{0.06}CuO_4$, elle est penchée vers la droite ce qui correspond au déplacement du maximum de l'effet Nernst vers les hautes températures comme nous l'avions déjà décrit. On remarque une assymétrie entre les côtés basse température et haute température; les contours deviennent plus serrés à basses températures et s'étalent en revanche vers les hautes températures, en accord avec les figures 7.4, 7.5, 7.6, 7.7.

Cette similitude entre les contours d'effet Nernst associés aux différents échantillons est à contraster avec les contours de résistivité. En effet, l'émergence de la phase isolante affecte profondément l'allure des contours de résistivité. On voit apparaître et se développer au-dessus de la région de la transition supraconductrice un lobe de localisation avec des contours prenant la forme de quart de cercle entourant le coin basse température, haut champ du diagramme. Ce lobe correspond en effet au lieu du maximum de la résistivité vu sur les courbes en fonction de la température. Lorsque le champ augmente, les contours, qui ont d'abord une forme similaire à la ligne $H_{irr}(T)$ se déforment de manière continue jusqu'à se refermer vers le haut. Il y a aussi une évolution continue lorsque l'on passe de l'échantillon le moins sous-dopé au plus sous-dopé, la zone de localisation devenant plus nette et plus étendue dans le diagramme (H,T) de $La_{1.92}Sr_{0.08}CuO_4$ à $La_{1.94}Sr_{0.06}CuO_4$ en passant par $Bi_2Sr_2CuO_6$ (a) puis $Bi_2Sr_2CuO_6$ (b). On peut d'ailleurs considérer les contours de $La_{1.92}Sr_{0.08}CuO_4$ et $Bi_2Sr_2CuO_6$ (a) où le début de la localization est à peine manifeste sous forme d'une ligne avec sa courbure vers le haut comme la coupe presque tangentielle au lobe de localisation des contours de $La_{1.94}Sr_{0.06}CuO_4$ et $Bi_2Sr_2CuO_6$ (b) respectivement.

Au premier abord il est donc frappant d'avoir des contours aussi semblables pour l'effet Nernst dans les différents échantillons alors que ce n'est pas le cas pour les contours de résistivité. Il est tout aussi surprenant qu'en augmentant le champ ou bien en diminuant le dopage on obtienne le meme résultat, à savoir un comportement de type vortex pour l'effet Nernst, visiblement imperturbé par la localisation telle qu'elle apparaît en résistivité. Nous allons développer au chapitre suivant les mécanismes physiques pouvant expliquer un tel comportement.

# PARTIE IV:

# ANALYSE ET DISCUSSION

Chapitre 8

Explications possibles pour l'effet Nernst au-dessus de Tc

Quelle est l'origine de l'effet Nernst dans la phase normale? Pendant longtemps on a pensé que le prolongement de l'effet Nernst au-dessus de Tc dans les cuprates optimalement dopés était dû à des fluctuations thermiques[117]. C'est en observant la persistence de l'effet Nernst sur un intervalle nettement plus large dans les cuprates sous-dopés que Xu et al. ont pour la première fois suggéré le lien avec le pseudogap[34]. Les résultats du groupe de N.P.Ong dans la phase normale des cuprates sous-dopés ont suscité un certain intérêt dans la communauté et des scenarios nouveaux ont été proposés. Nous allons présenter les arguments en faveur des fluctuations supraconductrices avant de passer en revue les autres explications possibles.

## 8.1 Arguments en faveur d'une origine supraconductrice

L'amplitude du signal observé comme son signe positif fait penser à une origine supraconductrice, étant donné que les vortex donnent naturellement un tel signal dans la phase mixte. Il y a quelques autres arguments en faveur de cela. Tout d'abord on observe une continuité étonnante entre la phase mixte à T < Tc et la phase normale à T > Tc à tel point qu'il n'est pas possible de déterminer Tc par la seule mesure de l'effet Nernst, à l'instar des autres propriétés de transport. Aussi, le signal ne devient pas linéaire en fonction du champ dans la phase normale, comme on l'attendrait s'il n'y avait que la contribution des quasiparticules au-dessus de Tc, mais garde une courbure qui s'atténue progressivement. Or cette courbure est caractéristique de la phase mixte également.

Mais c'est peut-être en considérant l'évolution du signal Nernst dans le diagramme de phase (T,x) qu'on est le mieux convaincu du lien à la supraconductivité. En effet, les contours d'effet Nernst constant en fonction du dopage suivent l'allure de Tc(x) et ils se déforment continuement pour adopter la forme du pseudogap T*(x) à haute température. Ce signal anormal se développe au-delà de Tc surtout dans les composés sous-dopés de façon significative, où il s'étend à des températures de l'ordre de T*. Il s'atténue lorsqu'on s'éloigne vers la phase isolante comme vers le régime surdopé. Il est encore présent vers le dopage optimal mais sur une plage de température plus réduite. Sa disparition, du côté très sous-dopé, parallèlement à la destruction de la phase supraconductrice est en notre sens révélatrice d'une origine liée à la supraconductivité. Le comportement côté très surdopé n'a pas été encore investi de façon systématique.

Xu et al. évoquent même des objets de type vortex au-dessus de Tc, porteurs d'entropie et de flux magnétique[34]. Est-ce que leur résultat, combine à la conductivité THz[33] constitue une preuve expérimentale en faveur des paires préformées? La question du lien entre ce régime de fluctuations supraconductrices, mises en évidence par l'effet Nernst, et le pseudogap reste ouverte à l'heure actuelle. La comparaison avec les cuprates très surdopés devrait apporter des éléments de réponse. Or comme nous l'avons déjà mentionné, beaucoup de scénarios de paires préformées sont à présent essentiellement des modèles de condensation Bose-Einstein où la transition supraconductrice est de type champ moyen, avec lesquels il n'est pas possible d'expliquer un si large domaine de fluctuations supraconductrices au-dessus de Tc. Mais de nouvelles idées sont à l'horizon, et nous nous proposons d'en donner un bref aperçu.

8.2 Le modèle gaussien de fluctuations supraconductrices

Il y a eu récemment une tentative pour donner un cadre théorique solide à l'interprétation de Xu et al. Ainsi, Ussishkin et al. considèrent les fluctuations supraconductrices effectivement comme source du signal Nernst dans la phase normale et résolvent l'équation de Ginzburg-Landau dépendant du temps avec une approximation gaussienne des interactions entre fluctuations[134]. Ils étendent les résultats bien connus d'Aslamasov-Larkin aux coefficients de transport autres que la conductivité électrique. De plus, ils soustraient ce qu'ils appellent le courant d'aimantation dans l'expression des courants électriques et thermiques, de façon à ce que les relations d'Onsager soient vérifiées. En effet, une telle correction sur les propriétés magnéto-thermiques avait déjà été effectuée dans le contexte de l'effet Hall quantique. Ils ameliorant ainsi le traitement gaussien des fluctuations, proposé initiallement par Dorsey et al.[136] Ce qui est remarquable, c'est qu'ils arrivent à exprimer le coefficient Nernst au-dessus de Tc sous la forme :

$$\upsilon = \upsilon^n + \frac{\alpha_{xy}}{B\sigma}$$

où $\upsilon^n$ est le coefficient de Nernst de la phase normale, $\alpha_{xy}$ la composante non-diagonale du tenseur électrothermique et $\sigma$ la conductivité. Ceci justifie à posteriori la méthode de séparation des contributions due aux quasiparticules et due aux fluctuations, appliquée par Xu et al.[35] La comparaison avec les données sur $La_{2-x}Sr_xCuO_4$ est d'ailleurs satisfaisante. Selon cette approche, la particularité des cuprates par rapport aux supraconducteurs conventionnels est la forte anisotropie combinée à une faible conductivité près de Tc. Mais l'effet

Nernst dans le régime de pseudogap ne peut être expliqué directement à moins de supposer que la Tc de champ moyen est bien supérieure aux valeurs de Tc mesurées. Ils font en fait une approximation Hartree auto-consistante pour rendre compte de l'augmentation des fluctuations parallèlement à la diminution du dopage. Il y a là implicitement l'idée des paires préformées.

8.3 La phase de vortex spontanés

Une seconde tentative, plus ambitieuse, est celle de Weng et al.[135] qui proposent d'expliquer l'effet Nernst au-dessus de Tc dans le cadre de la théorie RVB.(§1.1) Ils adaptent ainsi les idées d'une transition Kosterlitz-Thouless et de paires préformées au langage de spinons et holons. Dans une description où les corrélations antiferromagnétiques mènent à l'appariement des spinons, les objets de type vortex seraient en fait des vortex de spinons, à savoir des excitations élémentaires correspondant à la brisure d'une paire de spinons. Le paramètre d'ordre supraconducteur devient non nul dans cette théorie en dessous d'une température T* où on a une condensation Bose-Einstein des holons. Ce paramètre d'ordre s'écrit:

$$\Delta(r) = \Delta_0(r)e^{i\varphi_s(r)}$$

où $\Delta_0 = \Delta_s |\varphi_h|^2$ est l'amplitude des paires de Cooper avec $\Delta_s$ l'amplitude associée à la paire de spinons, $\varphi_s$ sa phase et $\varphi_h$ décrivant le condensate de holons. Chaque vortex de spinon est alors accompagné d'un vortex de courant associé aux holons en dessous de T* et peut ainsi générer une tension lorsqu'il bouge sous l'effet d'un gradient thermique. La cohérence de phase macroscopique n'est établie qu'en dessous de Tc correspondant à la formation des paires vortex-antivortex de spinons. Ainsi, dans le régime de température entre Tc et T* on a une phase dite phase de vortex spontanés où il y a une amplitude de pair de Cooper non nulle mais sans cohérence de phase. En

d'autres termes, on a des paires préformées. Cette proposition explique naturellement non seulement l'existence d'un signal
Nernst remarquablement grand au dessus de Tc ainsi que la continuité observée entre la phase mixte et la phase normale, mais aussi son atténuation dans la limite très sous-dopée.

L'absence de signature en effet Hall et en magnétorésistance des vortex de spinons tient au fait que les holons aperçoivent un flux fictif associé à chaque vortex de spinon, qui compense le flux électromagnétique réel de façon à ce que le champ effectif agissant sur les holons est nul. En revanche, ce scénario reste assez qualitatif à l'heure actuelle, un calcul des coefficients de viscosité et d'entropie au-dessus de Tc devrait permettre une comparaison quantitative avec les données expérimentales.

8.4 Les quasiparticules en présence de fluctuations antiferromagnétiques et supraconductrices

On doit à H.Kontani une explication des plus originales, toujours en terme de fluctuations[133]. En résolvant de façon auto-consistante l'équation de Boltzmann au-delà de l'approximation du temps de relaxation, et en pregnant en compte à la fois les fluctuations antiferromagnétiques et supraconductrices, il fait une étude numérique dans le cadre du modèle de Hubbard des propriétés de transport dans le régime de pseudogap. Il montre, entre autres, que les composantes de Fourier du courant électrique et thermique ne sont plus parallèles entre eux en présence de fortes fluctuations antiferromagnétiques combinées aux fluctuations supraconductrices. Ceci ajoute un terme en $Q_k \times J_k$ (où $Q_k$ est le courant thermique et $J_k$ le courant électrique) à l'effet Nernst. Il montre ainsi qu'on peut avoir un renforcement considérable du terme de quasiparticules dans le signal total en dessous de T*. Ceci était perdu de vue tant qu'on restait dans l'approximation du temps de relaxation.

C'est une voie alternative aux fluctuations supraconductrices comme aux vortex de spinons que l'on a précédemment évoqués, intéressante pour expliquer non seulement l'effet Nernst particulièrement grand au-delà de Tc dans le régime sous-dopé, mais aussi d'autres anomalies liées au pseudogap comme la violation de la loi de Kohler. Ce qui est remarquable, c'est qu'on a d'emblée un angle de Hall thermoélectrique différent de l'angle de Hall résistif dans ce modèle, étant donné que le terme de produit vectoriel supplémentaire est absent du pouvoir thermoélectrique et par conséquent le rapport $\frac{N}{S}$ est different de $\frac{R_H}{\rho}$. Ceci va dans le sens de nos résultats sur $La_{2-x}Sr_xCuO_4$ x=0.08 et x=0.06.(fig. 6.5) Cependant, il n'est pas clair comment le signal Nernst d'origine électronique au-dessus de Tc va se raccorder avec celle d'origine vortex à basse température dans le cadre de ce modèle. Rappelons que du point de vue expérimental, il est frappant de constater qu'il n'y a aucune discontinuité à Tc.

Ce scénario s'applique d'abord à l'effet Nernst dans le régime de pseudogap mais nous pensons qu'il peut être pertinente même dans la phase mixte pour expliquer le large maximum d'effet Nernst au-delà de Tc(H) que nous le rapportons (chap.7). Celui-ci résulterait non pas de mouvement de vortex mais de quasiparticules sous l'effet de fluctuations antiferromagnétiques et supraconductrices, de façon analogue au régime de pseudogap. En effet, on sait d'après la diffusion de neutrons que les fluctuations antiferromagnétiques deviennent particulièrement fortes dans la phase mixte. On sait aussi qu'il y a des quasiparticules excitées suivant les directions nodales dans la phase mixte, la supraconductivité étant de symétrie onde $d$ dans les cuprates. Donc tous les ingrédients de ce scénario sont aussi réunis dans la phase mixte.

## 8.5 Récapitulation

L'origine de l'effet Nernst dans la phase normale reste un mystère mais nous constatons que dans tous les modèles actuels l'idée récurrente est celle des fluctuations supraconductrices, qu'elles soient directement responsable du signal observé, comme dans le modèle gaussien ou dans le modèle de vortex spontanés, ou que ce signal soit dû à l'effet conjoint de fluctuations antiferromagnétiques et supraconductrices sur les quasiparticules. Dans cette perspective, nous sommes au moins en mesure d'affirmer que l'effet Nernst est plutôt sensible à la cohérence de phase locale alors que la manifestation essentielle de la supraconductivité en résistivité, à savoir $\rho = 0$, exige une cohérence de phase globale.

Chapitre 9

Explications possibles pour l'absence de correspondence entre l'effet Nernst et la résistivité dans la phase mixte

Nous avons découvert que l'effet Nernst n'est visiblement plus corrélé avec la résistivité à l'approche de la transition supraconducteur-isolant. En particulier, il nous révèle la présence de vortex dans une région du diagramme de phase (H,T) où la transition vers la phase normale semble être achevée d'après la résistivité. Or on s'attendrait à ce qu'il y ait un lien entre ces deux mesures tant qu'on est dans la phase mixte, c'est-à-dire en dessous de $T_{c0}$, puisqu'alors elles résultent toutes les deux du mouvement de vortex. Comme nous l'avons décrit dans la première partie, ce mouvement est induit par un courant électrique dans le cas de la résistivité et par un gradient thermique dans le cas de l'effet Nernst. Comment interpréter l'apparente contradiction d'une résistivité qui devient non-métallique alors que le large maximum d'effet Nernst persiste? Y-a-t-il un moyen expérimental de vérifier si ces deux-là ont toujours une origine commune dans les composés sous-dopés? Que proposent les théoriciens pour expliquer cette absence de correspondance entre l'effet Nernst et la résistivité?

La vue de nos courbes suggère à priori qu'il n'y a plus un mécanisme commun à l'effet Nernst et à la résistivité dans les cuprates sous-dopés, mais du point de vue expérimental, le dernier mot n'a pas encore été dit. Nous présentons ici deux expériences à mettre en oeuvre, que nous pensons pertinentes pour une vérification plus poussée. La première consiste à appliquer simultanément à la force thermique une force de Lorentz perpendiculaire[*]. S'il y a une origine commune à l'effet Nernst et à la résistivité, on peut espérer qu'un choix judicieux du courant électrique permettra d'annuler la force thermique et donc la tension transverse devrait aussi s'annuler. Dans le cas contraire on ne doit pas pouvoir faire une telle compensation. Nous ne sommes pas au courant d'une telle tentative, même dans le cas du dopage optimal et nous ne l'avons pas fait nous-même, faute de temps. La deuxième consiste à mesurer l'effet Nernst en orientant le gradient thermique suivant l'axe c (avec le champ appliqué dans le plan).

Notez que l'effet Nernst suivant l'axe c n'a pas été investi jusqu'à présent car on pense couramment que les vortex de Josephson, sans coeur à l'état normal, ne se coupleraient pas au gradient thermique et ne donneraient donc pas de signal Nernst. Ceci devrait permettre de sonder s'il y a aussi des fluctuations supraconductrices entre les plans qui se manifestent en présence d'une résistivité non-métallique; il est bien connu que le transport suivant l'axe c est incohérent dans le régime sous-dopé et qu'à haut champ, c'est le terme de quasiparticules qui prédomine dans $\rho_c$ dans la phase mixte[151].

Prenant pour acquis que l'effet Nernst est toujours dû aux vortex dans la phase mixte des cuprates sous-dopés (on ignore s'il existe une source d'effet Nernst autre que les vortex capable de générer des signaux de l'ordre de grandeur que nous rapportons) le paradoxe apparent entre l'effet Nernst et la résistivité nous indique qu'il y a probablement une contribution autre que les vortex qui est prédominant dans la résistivité.

Bien sûr, on peut aussi garder l'image naïve du modèle Bardeen&Stephen en supposant la résistivité principalement due aux vortex, la localisation observée correspondrait dans ce cas aux coeurs de vortex devenant isolant. C'est l'idée

---

*je suis redevable pour cette idée à L.Bulaevskii

que nous aurons derrière la tête pour l'analyse en terme d'entropie au chapitre suivant. Il y a à présent deux explications possibles, proposées par R.Ikeda et Ioffe&Millis respectivement, et dans les deux cas la contribution de vortex à la résistivité est anormalement faible du fait des fluctuations quantiques[137] ou de la faible viscosité[139].

9.1 Les fluctuations supraconductrices sont de nature quantique

R.Ikeda met l'accent sur le fait que les fluctuations dans le régime sous-dopé sont de nature quantique et non pas thermique, et il étudie leur consequence dans les propriétés de transport[137]

Dans une approche de Ginzburg-Landau, il montre qu'on peut avoir un effet Nernst assez grand dans la phase mixte avec, en parallèle, une résistivité proche de sa valeur de la phase normale, en prenant en compte la quantification des niveaux de Landau due au champ magnétique pour la fonction d'onde des paires de Cooper. Les fluctuations quantiques deviennent d'autant plus importantes que le dopage est faible. Or la prépondérance des fluctuations quantiques sur les fluctuations thermiques est décrite dans ce modèle par la faiblesse du paramètre $\gamma_1 T_{c0}$. Ce paramètre serait l'équivalent du coefficient de viscosité de vortex. En effet celui-ci est faible dans le régime sous-dopé si l'on considère que la température de transition de champ moyen est T* et non Tc. D'autre part, le champ magnétique a lui aussi tendance à renforcer les fluctuations quantiques. Le fait que la phase normale sous-jacente soit isolante n'est en revanche pas pertinent; ce modèle est d'ailleurs développé avec une phase normale qui reste métallique.

La conductivité totale apparaît comme la somme de trois contributions: celle de la phase normale, qui est supposée constante pour simplifier, celle due aux vortex, comprenant un terme de flux-flow et un terme dont la divergence à basse température décrit la transition verre de vortex. Le résultat principal est qu'en présence de fluctuations quantiques la conductivité de vortex tend vers zéro, ce qui implique que la résistivité est dominée par la contribution de la phase normale, sauf à basse température où elle chute brutalement à zéro lorsque les vortex sont piégés. Rappelons qu'une conductivité de vortex nulle correspond également à une résistance électronique associée nulle, dans l'idée qu'il y a une dualité entre les paires de Cooper et les vortex, et dire que les uns sont localisés revient à dire que les autres bougent. En même temps, ces fluctuations augmentent l'énergie de transport $U_\Phi$ associée aux vortex, par rapport au cas des fluctuations thermiques. D'où l'apparition d'une courbe d'effet Nernst qui a l'allure que l'on connaît pour les vortex dans un régime où la résistivité est dominée par le terme de la phase normale. Le choix d'une résistivité de la phase normale qui reste métallique n'est pas en contradiction avec l'observation d'une localisation dans nos échantillons. Les fluctuations quantiques vont éventuellement induire une localisation en résistivité à température sufisamment basse, si elle n'est pas interrompue par la transition verre de vortex. En effet, le même formalisme sert à décrire la transition supraconducteur-isolant sous champ magnétique[51] et explique en particulier pourquoi la résistance critique n'est pas universelle.(§1.2.2)

L'énergie de transport est calculé dans la limite quantique ( $\gamma_1 T_{c0} = 0.02$ ) et la limite classique ($\gamma_1 T_{c0} = 0.4$) à différentes valeurs de champ magnétique[137]. Deux observations s'imposent. D'une part, on voit que $U_\Phi$ est systématiquement plus grande dans la limite quantique, conformément à l'idée que les fluctuations quantiques augmentent l'énergie de transport par rapport aux fluctuations thermiques. D'autre part, à champ magnétique élevé correspond une énergie de transport plus grande dans la limite quantique. De plus, les résultats dans la limite classique sont conformes à celui obtenu auparavant par Dorsey et al

[136]. En effet, une approximation gaussienne des interactions entre fluctuations dans un modèle développé pour les fluctuations thermiques, toujours avec l'action de Ginzburg-Landau, avait déjà montré qu'il n'y a pas de divergence de $U_\Phi$ à Tc et que les courbes de $U_\Phi$ en fonction de T s'étalent au fur et à mesure que le champ magnétique augmente. Pour $\gamma_1 T_{c0} = 0.4$, le champ a effectivement tendance à réduire $U_\Phi$ pour T < Tc mais à l'augmenter pour T > Tc, définissant ainsi un point de croisement des courbes proche de Tc. Dans la limite quantique, on voit que ce point de croisement est repoussé vers les basses températures.

Nous pouvons à présent faire une comparaison avec nos résultats, même si cela reste qualitative*. La figure 9.1 montre l'énergie de transport par unité de longueur de vortex en fonction de la température, à champ magnétique croissant. Elle a été obtenue à partir de la formule valable dans la phase mixte:

$$U_\Phi = \frac{TN}{\rho \Phi_0}$$

d'après nos mesures pour les quatre échantillons. Le modèle de R.Ikeda ne s'applique en fait qu'à la partie décroissante en température de nos courbes.
Si l'on se concentre donc à cette partie-là exclusivement, on constate que $U_\Phi$ augmente effectivement avec le champ dans tous les échantillons, en accord avec la courbe de R.Ikeda dans la limite quantique. Autant cette augmentation est visible sans ambiguïté dans les deux $La_{2-x}Sr_xCuO_4$, autant elle est dans la limite de résolution expérimentale dans les deux $Bi_2Sr_2CuO_6$.

*depuis la soumission de ce manuscrit, R.Ikeda a publié un deuxième article dans lequel il est capable de faire un fit pour la résistivité et l'effet Nernst dans le cas des deux LSCO avec deux paramètres seulement correspondant à la température critique et au champ magnétique critique de champ moyen [138]

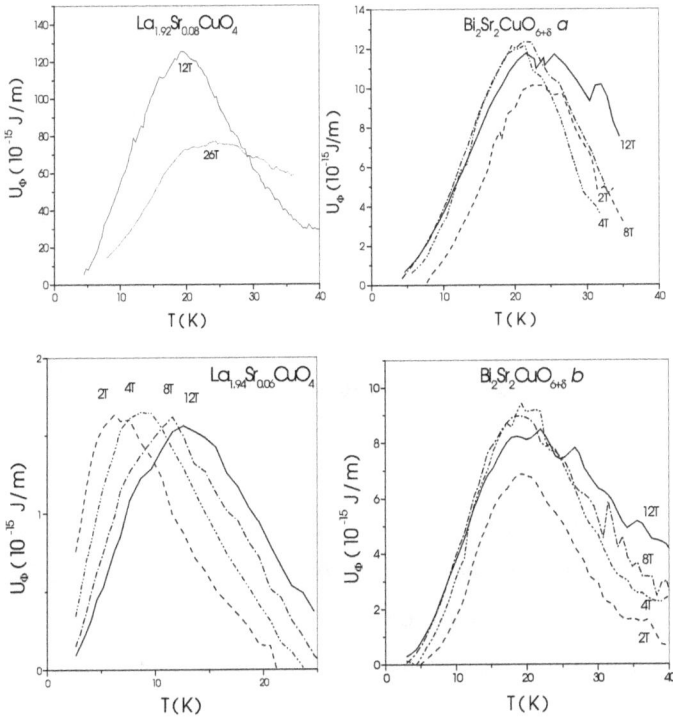

Figure 9.1: Energie de transport en fonction de la température dans les quatres
échantillons étudiés aux champs magnétiques indiqués.

Ceci dit, le maximum de $U_{\Phi}$ décroît à haut champ, ce qui reflète le
comportement du maximum de l'effet Nernst (chap. 7). Ceci sort apparemment
du cadre de ce modèle. De plus, la pente positive à basse température est
visiblement indépendante du champ dans le cas des deux $Bi_2Sr_2CuO_6$ mais
décroît avec le champ pour les deux $La_{2-x}Sr_xCuO_4$, et on ne sait pas pourquoi.
En particulier, on ignore quel est le mécanisme qui fait tendre $U_{\Phi}$ vers zéro à
basse température: est-ce dû au piégeage ou est-ce un mécanisme purement
électronique?

Pour récapituler, le modèle de R.Ikeda permet de rendre compte du comportement apparemment paradoxal de l'effet Nernst comparé à la résistivité dans les cuprates sous-dopés en évoquant les fluctuations quantiques mais tout en restant dans le cadre de la théorie de Liquide de Fermi.

9.2 La viscosité de vortex est faible

L'explication alternative aux fluctuations quantiques est d'évoquer la faible viscosité de vortex. En effet, des mesures d'impédance de surface à haute fréquence dans $YBa_2Cu_3O_7$ et $Bi_2Sr_2CaCuO_8$ ont montré que le coefficient de viscosité est plus faible que ce que l'on attend d'après la théorie BCS[140],[141]. Il s'agit de composés dopés optimalement ou surdopés, et il n'y a toujours pas de consensus dans ce cas-là s'il faut l'attribuer à la symétrie d'onde $d$ ou au fait que les cuprates sont proches de la limite propre. Cependant, le régime sous-dopé n'a pas encore été exploré à notre connaissance.

Récemment, Ioffe&Millis ont suggéré que le coefficient de viscosité $\eta$ tend vers 0 à l'approche de l'isolant de Mott. Nous présentons ci-dessous leur modèle et suggérons qu'une faible viscosité peut expliquer l'anomalie que nous rapportons dans la phase mixte. Ils ont formulé cette idée de faible viscosité dans le cadre de la théorie RVB[139]. En effet, ils calculent le coefficient de viscosité sans faire appel aux spinons et holons, mais en faisant constater que dans une telle théorie, il apparaît naturellement deux longueurs de cohérence en rapport avec un vortex. Une première, noté $\xi$, est celle habituellement associée à la paire de Cooper; c'est la distance en dessous de laquelle les boucles de courants superfluides entourant le vortex cessent de décroître en $\frac{1}{r}$. Il existe aussi une seconde longueur, notée $\xi_F$, qui est associée à l'excitation fermionique;

c'est la distance sur laquelle le spectre d'énergie diffère de celle loin du vortex, une sorte de définition de la taille du coeur de vortex tel qu'on l'observe par STM. A l'approche de l'isolant de Mott, quand le dopage x tend vers 0, ils montrent que $\xi$ diverge, ce qui signifie que les propriétés physiques comme $H_{c2}$ ou $\eta$ sont dictées par les courants superfluides. On rappelle que dans une image naïve comme celle de Bardeen&Stephen, $H_{c2}$ est au contraire atteinte lorsque les coeurs de vortex se recouvrent.

Le mouvement de vortex est décrit comme la somme de deux termes dans l'action utilisée dans ce modèle: un terme non-dissipatif, équivalent à l'action d'un champ effectif sur le vortex en mouvement, dont l'expression ne dépend que du détail de la description du condensat, et un terme dissipative dû au fait que les fermions présents dans le système sont soumis au champ électrique créé par le vortex en mouvement. Ils montrent que dans ces conditions la viscosité tend vers zéro comme $x^3$ à l'approche de la phase isolante. Or la faible viscosité de vortex joue en faveur d'une transition résistive raide. Rappelons que cette idée avait déjà été évoquée pour expliquer la transition résistive raide dans $Tl_2Ba_2CuO_6$ surdopé[129].

De plus, une population diluée de vortex persisterait au-delà de la transition supraconductrice vue par la résistivité, d'après ce modèle. En effet, ces vortex peuvent se recouvrir à l'échelle des courants superfluides associés tout en ayant leurs coeurs séparés. A basse température, lorsqu'on applique un champ magnétique, l'effet prépondérant est celui des fluctuations de point zéro de la position des vortex. Ces fluctuations sont responsables de la fusion du réseau de vortex à champ suffisamment élevé. Donc ce modèle expliquerait aussi la localisation observée dans la résistivité.

Nous pensons qu'une faible viscosité peut aussi renforcer le signal Nernst, si l'on se rappelle que $N = \frac{S}{\eta}$. Donc on peut comprendre dans le cadre de ce modèle pourquoi on a un effet Nernst dû aux vortex au-delà de la transition résistive, conformément à nos observations. Ce modèle a été développé pour décrire la résistivité dans la phase mixte des cuprates sous-dopés. Nous suggérons qu'il peut aussi rendre compte de l'absence de correspondance entre l'effet Nernst et la résistivité que nous observons. Mais contrairement au premier modèle présenté, cette deuxième explication reste qualitative pour le moment, un calcul de l'énergie de transport, comme dans le modèle de R.Ikeda, devrait permettre une comparaison avec les données expérimentales.

## 9.3 Récapitulation

Pris dans leur ensemble, ces deux modèles, l'un dans le langage de fluctuations, l'autre dans celui des vortex, ont l'avantage de proposer une explication commune à l'anomalie dans la phase mixte et à celle au-dessus de Tc. En effet, le problème commun aux résultats de N.P.Ong et aux notres est bel et bien l'absence de correspondance entre l'effet Nernst et la résistivité, en ce sens que la résistivité a un comportement reflétant la phase normale alors que l'effet Nernst met en évidence des traces de la supraconductivité. On peut le reformuler comme l'absence de signature en résistivité d'objets de type vortex qui donne un signal Nernst élevé dans les mêmes conditions de température et de champ. De plus, dans ces deux modèles on s'affranchit des détails liés à la structure du coeur de vortex, toujours sujet d'investigations et de débats dans ces isolants de Mott dopés que sont les cuprates.

Cette absence de correspondance entre l'effet Nernst et la résistivité suggère en tout cas que le régime liquide de vortex n'est pas facile à distinguer de la phase normale dans les composés sous-dopés, en se référant à la résistivité seule.

D'après Ioffe&Millis, c'est même un non-liquide de Fermi dans la mesure où il est caractérisé par une conductivité non-nulle comme si on était dans la phase normale mais avec la persistance du gap supraconducteur. En ce sens, l'effet Nernst se révèle être une sonde de la supraconductivité plus fine que la résistivité elle-même.

Chapitre 10

Pourquoi l'entropie de transport extraite de l'effet Nernst est-elle aussi faible?

Nous avons décidé de suivre l'analyse conventionnelle dans la phase mixte (T < $T_{c0}$) en terme d'entropie de transport et nous pouvons l'extraire à partir de l'effet Nernst et la résistivité en faisant le rapport des deux. A l'origine, ce modèle a été développé dans le contexte des supraconducteurs conventionnels, et décrit assez bien les cuprates dopés optimalement, pour lesquels la résistivité dans la phase mixte est dominée par la contribution des vortex.

Nous essayons de montrer dans un premier temps que cette façon de déterminer l'entropie a toujours un sens dans le cas des composés très sous-dopés en présence de localisation, même si c'est à la limite de validité de ce modèle. Dans un second temps, l'étude de l'entropie permet de considerer l'anomalie liée à l'effet Nernst dans la phase mixte, telle que nous le décrivons dans le chapitre7, sous un angle nouveau. Pourquoi l'entropie de vortex est aussi faible dans les cuprates, comparée aux supraconducteurs conventionnels? Quelle est l'origine de l'entropie dans la phase mixte: les vortex ou les quasiparticules nodales? Comment comprendre sa variation avec le dopage?

10.1 Présentation des résultats d'entropie

- Description des figures et tableaux

L'entropie de transport que nous avons extrait à partir de l'effet Nernst et la résistivité est représentée sur les figures 10.1 et 10.2. Elles correspondent respectivement à l'entropie d'un vortex par plan $CuO_2$ en unité $k_B$ (constant de Boltzmann), et à la contribution totale des vortex à l'entropie de la phase mixte. Cette dernière est obtenue en multipliant l'entropie par vortex $\frac{N}{\rho \Phi_0}$ par la densité de vortex $\frac{H}{\Phi_0}$ et le volume molaire. Ce sont ainsi l'entropie par vortex et l'entropie totale des vortex qui sont représentées en fonction de la température à différents champs magnétiques pour les quatres échantillons étudiés.

Quelque soit l'unité choisie, l'allure de l'entropie est très similaire à celle de l'effet Nernst, avec un large maximum, qui reste autour de 20K pour les deux $Bi_2Sr_2CuO_6$ mais qui se déplace vers les hautes températures dans les deux $La_{2-x}Sr_xCuO_4$, lorsque le champ augmente. Les deux entropies tendent vers zéro lorsque la température diminue, comme on s'y attend. Remarquez bien que nous pouvons observer cette diminution de l'entropie justement parce que l'effet Nernst décroît indépendamment de la résistivité qui elle augmente à basse température (fig 7.6, 7.7, 7.5). C'est l'anomalie propre à la phase mixte des cuprates sous-dopés que nous avons décrit précédemment (chap.7). Paradoxalement, cette diminution de l'entropie à basse température s'avère difficile à observer dans le cas du dopage optimal[117] et aussi surdopé[132] même si on s'y attend sur des bases physiques. En effet, lorsque N et $\rho$ s'annulent tous les deux à l'approche de $H_{irr}$ le rapport $N/\rho$ que l'on extrait des mesures devient incontrollable.

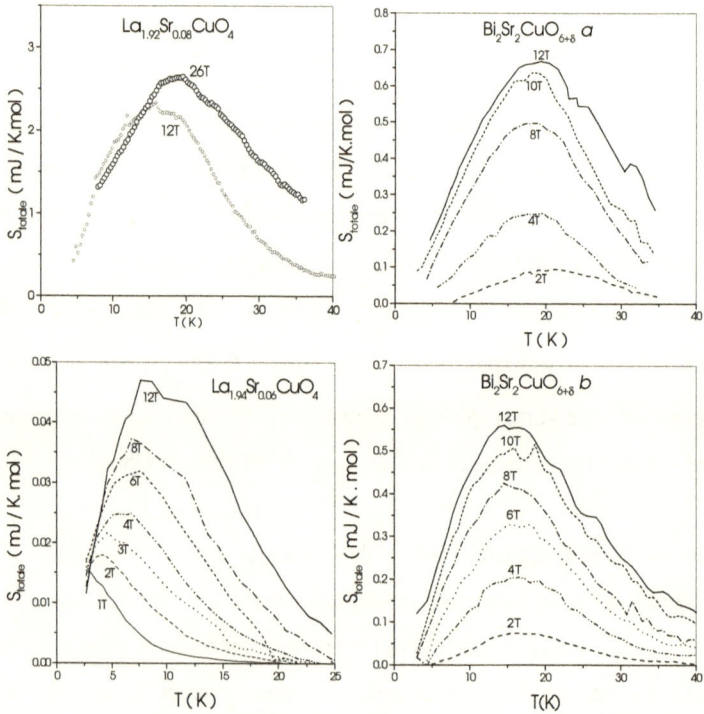

Figure 10.1: Variation en fonction de la température de l'entropie totale des vortex pour les quatres échantillons à champ magnétique croissant.

L'entropie totale des vortex augmente continuement avec le champ, mais il y a une tendance à la saturation. L'entropie par vortex, quant à elle, finit par décroître à haut champ. Donc, la saturation de l'entropie totale résulte de la

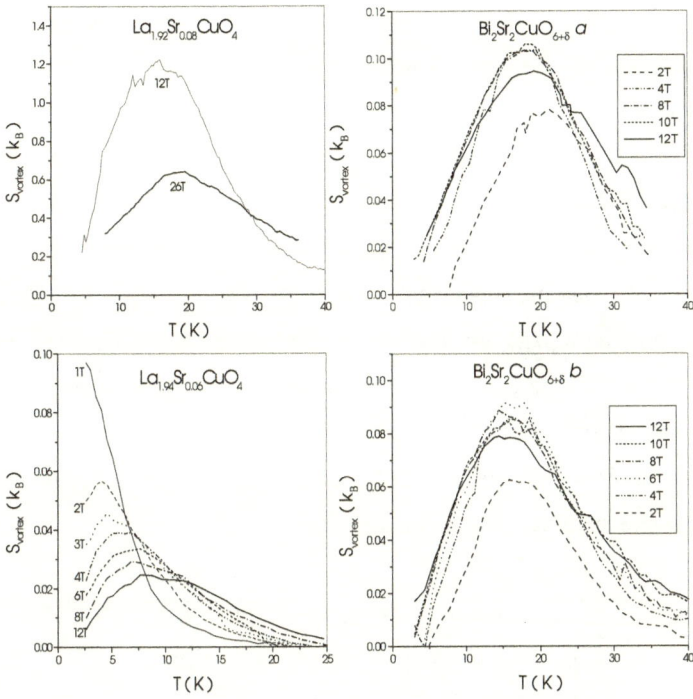

Figure 10.2: Variation en fonction de la température de l'entropie par vortex par plan $CuO_2$ en unité $k_B$ pour les quatres échantillons à champ magnétique croissant.

compétition entre la population de vortex qui augmente et l'entropie par vortex qui diminue avec le champ. L'ordre de grandeur de l'entropie totale et l'entropie par vortex dans les quatres échantillons est rapporté dans le tableau 10.1. Nous avons choisi systématiquement la valeur maximale de l'entropie à H=12T pour chaque échantillon. Nous avons aussi ajouté les valeurs de l'entropie par vortex par unité de longueur en J/Km. L'entropie totale de vortex varie entre 3mJ/Kmol et 0.05mJ/Kmol typiquement et on constate qu'elle est d'autant plus faible que l'échantillon est sous-dopé. On retrouve la même tendance pour l'entropie par vortex. Ceci reflète le comportement de l'effet Nernst, comme nous l'avions remarqué auparavant (chap6). Nous pensons que cette diminution en fonction du dopage est un résultat robuste bien que nous ne pouvons l'affirmer, faute d'une étude plus systématique en dopage dans notre cas. Ceci dit, on sait d'après la Ref.[34] que l'effet Nernst diminue à l'approche de $x_c$=0.05 et la résistivité augmente[10] donc on peut s'attendre effectivement à ce que l'entropie diminue lorsque l'on sous-dope.

| échantillon | LSCO x=0.06 | Bi2201(b) | Bi2201(a) | LSCO x=0.08 |
|---|---|---|---|---|
| $T^{max}$ (K) | 8.6 | 15.2 | 19.3 | 16 |
| $S_v^{max}(k_B/CuO_2)$ | 0.03 | 0.07 | 0.09 | 1.22 |
| $S_v^{max}(10^{-15}J/Km)$ | 0.14 | 0.46 | 0.58 | 7 |
| $S_{tot}^{max}(mJ/Kmol)$ | 0.05 | 0.55 | 0.66 | 2.33 |
| $U_\Phi^{max}(10^{-15}J/m)$ | 1.6 | 8.2 | 11.5 | 124.8 |

Tableau 10.1: Valeurs maximales d'entropie et d'énergie de transport dans la phase mixte à 12T pour nos quatres échantillons.

• Comparaison avec les résultats d'autres groups

En toute rigueur, pour obtenir l'entropie nous devrions diviser N exclusivement par la contribution de vortex $\rho_v$ à la résistivité $\rho_{tot}$. Mais il n'est pas certain que toute la résistivité provienne du mouvement de vortex dans la phase mixte des cuprates sous-dopés (chap.9). Faute de savoir isoler $\rho_v$, nous avons abusivement employé $\rho_{tot}$ dans la formule de l'entropie, conformément à l'image naïve de vortex avec des coeurs isolants. A priori, nous nous attendons à ce qu'une analyse plus correcte donne une valeur d'entropie systématiquement plus grande.

| échantillon | $La_{1.8}Sr_{0.2}CuO_4$ | $Bi_2Sr_2CaCu_2O_8$ | $YBa_2Cu_3O_7$ | $Nd_{2-x}Ce_xCuO_4$ |
|---|---|---|---|---|
| $T_c$ (K) | 28 | 90.4 | 93 | 21.5 |
| $S_\Phi$ (0.95Tc) | 2 (H=33T) | 3.7 (H=4T) | 6.5 (H=4T) | 1 (H=0.5T) |

Tableau 10.2: Valeurs d'entropie de vortex dans différents cuprates à T=0.95Tc et aux champs magnétiques indiqués d'après les ref.[132],[117],[118].

Ceci dit, les valeurs d'entropie que nous trouvons sont compatibles avec celles dans les cuprates dopés optimalement, où le modèle phénomènologique présenté dans la partie introductive (§3.2.2) est valable. Une recapitulation sur la valeur de l'entropie par vortex a déjà été faite dans les différentes familles de cuprates $YBa_2Cu_3O_7$, $Bi_2Sr_2CaCu_2O_8$, $Tl_2Ba_2CaCu_2O_8$ et montre qu'elle varie de 0.04 à $20.10^{-15}$ J/Km[130]. Nous avons tenté de regrouper aussi dans le tableau 10.2 l'ordre de grandeur de l'entropie d'après les references [118], [132], [117] pour $Nd_{2-x}Ce_xCuO_4$, $La_{1.8}Sr_{0.2}CuO_4$, $YBa_2Cu_3O_7$ et $Bi_2Sr_2CaCu_2O_8$ respectivement. Nos résultats restent bien dans ces limites-là. Ceci justifie à posteriori que nous pouvons toujours extraire l'entropie de vortex comme le rapport de l'effet Nernst et la résistivité dans nos composés très sous-dopés.

De plus, l'entropie que nous rapportons est compatible avec d'autres grandeurs associées aux vortex, comme l'entropie liée à la fusion du réseau de vortex. En effet, la chaleur latente dégagée lors de cette transition du premier ordre correspond à une entropie de $0.45k_B$ par vortex par plan $CuO_2$ d'après les mesures de chaleur spécifique dans $YBa_2Cu_3O_7$ optimalement dopé[78], ce qui est dans les limites de $S(k_B)$ présentée dans le tableau 10.1.

Par ailleurs on peut aussi comparer l'énergie de transport à l'énergie libre de vortex qui correspond principalement à l'énergie élastique associée aux déformations du vortex. Elle est donnée par l'expression BCS:

$$\epsilon_l = \frac{\mu_0 \, \Phi_0^2}{4\pi\lambda^2} \ln\kappa_{GL}$$

Dans le cas de $La_{1.92}Sr_{0.08}CuO_4$ avec $\lambda_{ab}(0) = 28\mu m$ pour un dopage voisin x = 0.1 [146] cela donne une énergie libre par unité de longueur de vortex qui est de $1,7.10^{-11}$ J/m à température nulle. Donc l'énergie de transport à Tc, représente 0.4% seulement du coût énergétique total d'un vortex dans cet échantillon.

Ainsi, nous pensons que l'entropie que nous déduisons de l'effet Nernst, même dans le régime de localisation, a bien un sens physique.

10.2 Discussion sur l'origine de l'entropie

- Comparaison avec l'entropie dans les supraconducteurs conventionnels

L'entropie de vortex dans les cuprates est en général deux à trois orders de grandeurs plus petite que dans les supraconducteurs conventionnels. Plusieurs raisons ont été évoquées pour cela: l'anisotropie[120], la faible longueur de cohérence[130] et la quantification des états liés dans le coeur de vortex[118]. Nous pensons que la simple réduction du volume occupé par le coeur n'est pas suffisante à rendre compte de la faiblesse de l'entropie de vortex et que nos résultats sont compatibles avec la présence d'un gap dans la densité d'états dans le coeur, observée sur les spectres de STM, que nous avons évoqué précédemment(§2.3).

Le problème c'est que la formule de Maki (§3.2.2) néglige la quantification des états dans le coeur et s'avère pertinente dans le cas conventionnel seulement. Par exemple, les valeurs d'entropie par unité de longueur de vortex prédites sont de l'ordre de $10^{-13}$ J/Km et on trouve une entropie de $2.10^{-12}$ J/Km pour un alliage InPb à 0.15T[145]. Il est bien connu que l'anisotropie rend les vortex quasi-bidimensionnels dans les cuprates, avec des coeurs réduits aux plans $CuO_2$ (avec seulement un couplage Josephson entre les plans); ceci tend à réduire le volume occupé par l'état normal dans le vortex. Dans cette vision simpliste, la réduction de l'entropie serait la même que pour la longueur de pénétration, par exemple. En prenant le rapport $\frac{\lambda_c}{\lambda_{ab}}$ égal à 21 d'après les mesures de longueur de pénétration pour $La_{1.9}Sr_{0.1}CuO_4$ [146], on peut estimer l'entropie de vortex qu'aurait un supraconducteur 3D isotrope équivalent à notre échantillon $La_{1.92}Sr_{0.08}CuO_4$: elle serait de $1,2.10^{-14}$ J/Km, ce qui reste toujours inférieure à la valeur attendue. Nous constatons donc que l'anisotropie seule n'est pas suffisant à expliquer la faiblesse de l'entropie de vortex dans les cuprates.

Nous pouvons estimer de la même façon si la faible longueur de coherence dans les cuprates entre en jeu. D'après la spectroscopie de vortex par STM, le diamètre du coeur est de 154Å dans $NbSe_2$ [102] et 60Å dans $Bi_2Sr_2CaCu_2O_8$ [106]. Ainsi la réduction de l'entropie due à l'effet de taille est environ 15% seulement, ce qui n'est pas suffisant à expliquer le désaccord, une fois de plus. Ainsi nous sommes amenés à penser que les faibles valeurs d'entropie que nous trouvons reflètent le gap dans la densité d'états dans le coeur. Ceci est conforme aux résultats de STM, même s'il n'est pas clair à présent s'il s'agit du pseudogap associé à la phase normale ou simplement du gap resultant de la quantification des niveaux dans le coeur, prédite par Caroli-de Gennes-Matricon. Mais une comparaison quantitative entre l'entropie de transport et la densité d'état dans le coeur de vortex reste à faire, à commencer par les supraconducteurs conventionnels.

• Comparaison avec l'entropie déduite de la chaleur spécifique

La faiblesse de l'entropie de vortex dans les cuprates, comparée aux supraconducteurs conventionnels, nous apprend essentiellement que la différence de densité d'états entre le coeur et son environnement est nettement plus réduite dans les cuprates. On se demande bien si ce n'est pas une conséquence de la symétrie d'onde d dans ces systèmes. On peut donc reformuler le problem ainsi: quelle est la principale contribution à l'entropie dans la phase mixte; les états liés dans les coeurs de vortex ou les quasiparticules nodales*?

Dans un supraconducteur de symètrie d'onde $d$, on sait qu'en présence de champ magnétique une fraction non négligeable de quasiparticules se trouve excitée sous forme de quasiparticules nodales, contrairement à un supraconducteur d'onde $s$ dans lequel la majorité des quasiparticules est concentrée dans les coeurs de vortex. En effet, en présence des noeuds dans le gap, les courants supraconducteurs autour du vortex tendent à briser les paires de Cooper.

C'est Volovik[149] qui a montré pour la première fois que le spectre de quasiparticules est décalé d'une énergie proportionnelle à $k.v_s$, avec $v_s$ la vitesse de superfluide (l'équivalent de l'effet Doppler en mécanique classique)**. L'existence de ces quasiparticules nodales a été vérifiée dans plusieurs expériences succesives de chaleur spécifique[142],[143], de conductivité thermique[19],[20] ainsi que de RMN dans la phase mixte[147]. K.Moler et al. ont les premiers mis en évidence que la partie linéaire en température de la chaleur spécifique, signature de la contribution de quasiparticules, augmente en $\sqrt{H}$ avec un champ magnétique H perpendiculaire aux plans, dans des monocristaux de $YBa_2Cu_3O_7$ optimalement dopé, en accord avec la prediction de Volovik[142]. Mais on extrait cette contribution grâce à un fit, afin de se débarrasser du terme de phonons. Pour palier

*je suis redevable à N.E.Hussey pour cette idée.

**Comme autour d'un vortex vs décroît en $1/r$ , l'intégration en r jusqu'à un cut-off R(H), qui est la distance intervortex (R(H) = $1/\sqrt{H}$ ), donne une densité d'état au niveau de Fermi $N(\varepsilon_F ,H)$ qui augmente en $\sqrt{H}$ avec le champ.

à cette méthode par extrapolation, une voie alternative a été proposée: celle de l'anisotropie. La différence de chaleur spécifique dans le plan et hors plan est en effet exclusivement électronique et met en évidence une loi d'échelle en accord, une fois de plus, avec le modèle de Volovik[143]. Plus récemment, on a montré dans $(Y,Ca)Ba_2Cu_3O_y$ que la variation est linéaire en H dans les composes sous-dopés[150]. Or la dépendance linéaire en H est celle qu'on attend dans un supraconducteur d'onde $s$! Ce paradoxe reste à résoudre.

Une estimation grossière du coefficient $°v$ associé au coeur de vortex serait:

$$\gamma_v = \frac{S_\Phi^{max}}{T^{max}}$$

Ceci donne 0.14mJ/$K^2$mol pour $La_{1.92}Sr_{0.08}CuO_4$, ce qui représente ~3.5% de la différence de chaleur spécifique $\gamma(H)-\gamma(0)$ induite par le champ dans $YBa_2Cu_3O_7$ à 10T d'après la ref.[142]. Donc, l'entropie de transport que nous trouvons est nettement plus faible que l'entropie associée aux quasiparticules nodales. D'autre part, nous pouvons estimer l'entropie associée aux coeurs de vortex comme le produit $\gamma T \frac{H}{H_{c2}}$ entre la chaleur spécifique électronique et la fraction de volume occupé par les coeurs de vortex. Toujours pour $La_{1.92}Sr_{0.08}CuO_4$, un coefficient $\gamma(0)$=4 mJ/$K^2$mol d'après la chaleur spécifique à champ nul[152] et un champ critique $H_{c2}$=45T d'après la saturation de la magnétorésistance[85] donnent une entropie de 17mJ/Kmol, ce qui est supérieur d'un facteur 7 à l'entropie de transport tirée de l'effet Nernst. Donc la contribution des vortex à l'entropie totale dans la phase mixte est effectivement plus petite que celle des quasiparticules nodales.

10.3 Comment comprendre la variation en fonction du dopage?

Jusque-là nous nous sommes concentrés sur l'entropie de vortex dans les cuprates en général. Il est temps de comparer les échantillons entre eux et de se demander comment comprendre la tendance à la diminution lorsqu'on réduit le dopage, mais en gardant présent à l'esprit que ceci est un résultat préliminaire, que des travaux futurs devraient confirmer.

Nous pensons que cette diminution est peut-être à rapprocher de celle de l'énergie de condensation $U_c$ en fonction du dopage. Or elle est bien établie dans le cas de $U_c$ grâce aux mesures de chaleur spécifique et on pense couramment qu'elle est liée à la présence du pseudogap dans la phase normale. En effet, plus un cuprate est sous-dopé, plus grand est le pseudogap et la perte d'entropie dans la phase normale qui en résulte. Par conséquent, le saut de chaleur spécifique à la transition, qui permet de déterminer $U_c$, se trouve réduit[28].

Il semble aussi y avoir un parallélisme entre la diminution de l'entropie de trous introduits dans les plans $CuO_2$[28] et celle de l'entropie de vortex, lorsque l'on diminue le dopage. On peut le comprendre si le coeur reflète effectivement la phase normale sous-jacente. L'ordre de grandeur des deux entropies en unité $k_B$ par plan $CuO_2$ est par ailleurs assez similaire. Ceci est consistant avec la présence d'un petit nombre d'états localisés dans le coeur donnant un nombre de configurations petit.

## 10.4 Récapitulation

Nous avons repris l'analyse conventionnelle pour nos résultats d'effet Nernst dans la phase mixte de nos échantillons sous-dopés. Notre originalité est que nous l'appliquons à des composés sous-dopés où nous observons la localisation dans la résistivité en dessous de $T_{c0}$, induite par le champ magnétique ou seulement accentuée par celui-ci. Ceci est certes problématique mais l'entropie que nous obtenons ainsi est consistante avec celle obtenue à dopage optimal, auquel cas ce traitement est rigoureux. L'entropie de vortex est anormalement faible dans les cuprates, comparé aux supraconducteurs conventionnels. Nous pensons que dans les cuprates, l'augmentation de la densité d'états hors des coeurs de vortex se combine à la suppression des états liés dans le coeur pour donner une faible difference d'entropie entre le coeur et le superfluide. Autrement dit, nos résultats sont compatibles avec l'existence d'un gap dans le coeur de vortex. En revanche, l'origine de ce gap n'est pas comprise.

Dans quelle mesure les fluctuations antiferromagnétiques induites par les vortex telles que celles observées avec les neutrons affectent l'entropie de transport d'un vortex ? Cette question mérite aussi l'attention. Car il y a là un paradoxe apparent : on aurait pu penser que l'entropie de vortex va augmenter en présence de fluctuations alors qu'elle est plus faible que dans le cas conventionnel ! C'est peut-être dû au fait que les fluctuations s'étendent au-delà du coeur de vortex et n'entrent donc pas en jeu dans la difference d'entropie entre le coeur et le superfluide. D'autre part, l'influence de ces fluctuations sur la dynamique des vortex n'est pour l'instant pas claire, et cela n'a été abordé que par comparaison à la résistivité jusqu'à présent. Nous suggérons que l'effet Nernst est une sonde plus fiable que la résistivité en ce qui concerne la dynamique des vortex dans la phase mixte des cuprates sousdopés et qu'une comparaison avec les résultats de neutrons peut s'avérer utile.

# CONCLUSIONS ET PERSPECTIVES

Nous avons confirmé la persistance d'un signal Nernst étonnament grand au-delà de Tc, comme cela a été rapporté pour la première fois par le groupe de N.P.Ong. Il n'y a pas actuellement de consensus sur l'origine de ce signal mais nous pensons qu'il est lié à la présence de fluctuations supraconductrices dans la phase normale des cuprates sous-dopés. L'étude d'effet Nernst dans les cuprates très surdopés semble être une aubaine dans ce contexte, leur intérêt étant la possibilité d'accéder réellement à la phase normale à haut champ magnétique. Il serait ainsi possible de vérifier si un effet de fluctuations similaire existe au-delà de $H_{c2}$, ce qui était la motivation initiale de ce travail.

Notre exploration se limite essentiellement à la phase mixte des composés sous-dopés. Celle-ci s'avère plus complexe que dans le cas du dopage optimal, extensivement étudié auparavant. Notamment, nous avons mis en évidence la présence d'un large maximum d'effet Nernst dans nos quatres échantillons dans un régime de localisation en résistivité, à l'approche de la transition supraconducteur-isolant. La dissociation entre l'effet Nernst et la résistivité devient d'autant plus prononcée que le champ magnétique augmente ou le dopage diminue, ce qui suggère un lien avec la transition supraconducteur-isolant. Il n'est cependant pas clair à quel point la proximité de la phase isolante est pertinente pour cette observation nouvelle. En tout cas, les modèles théoriques proposés récemment l'attribuent aux fluctuations supraconductrices quantiques ou à la faible viscosité de vortex. On peut également se demander s'il y a un comportement similaire dans les couches minces de supraconducteurs conventionnels. Il n'y a pas encore eu d'étude systématique sur l'effet Nernst dans ces systèmes où on observe aussi une transition supraconducteur-isolant, qu'on pense avoir assez bien compris, contrairement au cas des cuprates.

Nous avons montré que nous pouvons toujours définir une entropie de vortex à partir de l'effet Nernst et la résistivité dans nos échantillons sous-dopés. Ceci est particulièrement intéressant dans le contexte du pseudogap. En effet, le coeur de vortex est devenu l'objet d'investigations intenses dans le but de comprendre les propriétés de la phase normale, inaccessible expérimentalement. Cette entropie de transport est particulièrement faible dans les cuprates, comme nous l'avons confirmé dans nos échantillons sousdopés, par opposition à un supraconducteur classique. Ceci est en accord avec la présence d'un gap dans la densité d'état locale au coeur de vortex, mis en évidence dans les mesures de STM. On ne connaît pas avec certitude ni l'origine de ce gap, ni son lien éventuel avec l'ordre magnétique dans le coeur, découvert indépendamment et qui se manifeste sous forme de fluctuations antiferromagnétiques renforcées dans la phase mixte. En particulier, l'influence de ces fluctuations antiferromagnétiques sur la dynamique des vortex n'est pas triviale. Dans un premier temps, elle a été investie exclusivement par comparaison à la resistivité ; nous suggérons que l'effet Nernst est une sonde plus fidèle de la dynamique de vortex et contribuera largement à élucider cette question.

Un objectif plus immédiat à atteindre est certainement d'étudier systématiquement l'entropie de vortex en fonction du dopage. Notre travail en ce sens est incomplet mais suggère qu'elle diminue à l'approche de la transition supraconducteur-isolant. Nous espérons, pour conclure, que le travail présenté dans cette these ouvrira la voie à de nombreux travaux intéressants liés à l'effet Nernst, tant dans les cuprates que dans d'autres supraconducteurs non-conventionnels comme les organiques, supraconducteurs quasi-unidimensionnels où on peut s'attendre à des effets de fluctuations importantes, et les fermions lourds, dans lesquels la supraconductivité se développe également à proximité de ou simultanément à une phase antiferromagnétique.

# SUMMARY

We investigated Nernst effect in underdoped cuprates. This effect, discovered by Nernst in the 19th century, is the transverse electric field appearing with an applied magnetic field in a sample in which a thermal gradient is established. It turned out since 1960s to be a useful probe of vortex motion in superconductors. Vortices nucleate as a field penetrates inhomogeneously into a type-II superconductor and move along the thermal gradient, thereby creating a transverse voltage.

The cuprates are known since 1986 to exhibit high temperature superconductivity, but their properties, especially for underdoped compositions, still remain a puzzle. In fact their normal state turns out to be a very peculiar metal with a gap, namely the pseudogap, opening in the excitation spectrum at a temperature well above Tc, the critical temperature for the onset of superconductivity. Its relation with the superconducting gap is still a matter of debate. It has been very early speculated that in underdoped cuprates the Cooper pairs, responsible for the superconductivity, might be formed well above Tc, with the overall phase coherence being established only at Tc. In this context, the recent observation of a substantial Nernst signal persisting up to 100K above Tc is remarquable, and has been interpreted as evidence for vortex-like excitations in the normal state. The interplay between antiferromagnetism and superconductivity is another intriguing issue. In particular, there is evidence that vortices in cuprates enhance antiferromagnetic correlations.

Moreover, in underdoped compounds, when superconductivity is destroyed by magnetic field, increased disorder or reduced density of carriers the underlying normal state is an insulator, and this transition has essentially been investigated by resistivity measurements so far.

Our measurements in underdoped $La_{2-x}Sr_xCuO_4$ and $Bi_2Sr_2CuO_6$ samples confirm the existence of an anomalous positive tail in the Nernst signal above Tc. In the most underdoped sample, this tail is absent, leading to a negative Nernst effect in the normal state. We argue that the observed behavior above Tc is consistent with superconducting fluctuations being responsible for the anomalous tail and make an overview of the current models proposed. Nevertheless, our main contribution is related to the mixed state. Comparing Nernst effect and resistivity at high magnetic fields below Tc, we discovered that they are no longer correlated in very underdoped cuprates, in contrast to the optimally doped ones. Namely, a broad peak in Nernst effect persists above the resistive transition, in a field range where the resistivity becomes non-metallic.

Surprisingly, the Nernst effect is barely affected by the proximity of the superconductor-insulator transition! We present a recent theoretical attempt to understand the absence of correspondance between Nernst effect and resistivity in terms of quantum superconducting fluctuations. On the other side, we interpret our result in terms of vortices with insulating cores, which allows us to extract the associated entropy, as the ratio of Nernst effect and resistivity. The values found in the four samples are fairly reduced compared to conventional superconductors. Among the possible reasons for a reduced vortex entropy in cuprates are the gap in the vortex core, as indicated by STM spectroscopy, and the Doppler shift on the nodal quasiparticles outside the core, as evidenced in the specific heat.

# RESUME

Nous avons mesuré l'effet Nernst dans les cuprates sous-dopés. Cet effet, découvert par Nernst au 19ieme siècle, consiste en l'apparition d'une tension électrique transverse dans un conducteur soumis à un champ magnétique, dans lequel on a créé un gradient thermique. Il s'est avéré dans les années 1960 que c'est une sonde particulièrement adaptée à l'étude de la dynamique des vortex dans un supraconducteur de type-II. En effet, les vortex créés par un champ magnétique se déplacent du côté chaud vers le côté froid et génère une tension transverse.

C'est en 1986 qu'a été découverte la supraconductivité à haute temperature critique dans les cuprates. Leurs propriétés, particulièrement dans le régime sous-dopé, restent largement mal comprises. L'existence d'un gap, appelé le pseudogap, dans la densité d'état dans la phase normale est un défi au bon sens commun et son lien avec le gap supraconducteur est toujours sujet à débat. Il a été proposé assez tôt que dans les cuprates sous-dopés les paires de Cooper, responsables de la supraconductivité, seraient en fait formées à des températures bien au-dessus de Tc, la température critique de la transition supraconductrice, mais la cohérence de phase ne s'établirait qu'à Tc. Dans ce contexte, l'observation d'un signal Nernst assez grand, qui persiste jusqu'à 100K au-dessus de Tc est remarquable. Elle a été interprétée comme signature d'excitations de type vortex dans le régime du pseudogap. D'autre part, le lien entre l'antiferromagnétisme et la supraconductivité est un autre point d'interrogation. En particulier, il est établi expérimentalement que les vortex engendrent des corrélations antiferromagnétiques. De plus, on s'est rendu compte que la phase normale sous-jacente est isolante lorsque l'on détruit la supraconductivité en appliquant un fort champ magnétique, en augmentant le désordre ou en diminuant la densité de porteurs, dans les cuprates sous-dopés. Cette transition supraconducteur-isolant n'a jusqu'à présent été étudiée qu'à travers des mesures de résistivité.

Nos mesures dans des échantillons sous-dopés de $La_{2-x}Sr_xCuO_4$ et $Bi_2Sr_2CuO_6$ confirment la persistance d'un signal Nernst positif sur un intervalle assez large en température au-delà de Tc. L'échantillon le plus sous-dopé a un effet Nernst négatif dans la phase normale. Nous pensons que ce comportement est en accord avec l'idée que ce sont les fluctuations supraconductrices qui sont probablement responsables du signal Nernst positif au-dessus de Tc. Nous faisons par ailleurs le point sur les scénarios actuellement proposés. La contribution nouvelle que nous apportons concerne néanmoins la phase mixte. La comparaison de l'effet Nernst avec la résistivité révèle une absence de correspondance entre ces deux mesures, contrairement à ce qui a été rapporté dans les cuprates dopés optimalement. Notamment, le large maximum d'effet Nernst persiste en présence d'un comportement non-métallique de la résistivité à l'approche de la transition supraconducteur-isolant. Nous discutons divers aspects d'un modèle théorique récemment proposé dans lequel c'est la nature quantique des fluctuations supraconductrices qui serait à l'origine de l'apparent désaccord entre l'effet Nernst et la résistivité. D'autre part, nous interprétons nos résultats en terme de vortex avec des coeurs isolants, ce qui nous permet d'extraire l'entropie de vortex comme le rapport de l'effet Nernst et de la résistivité d'une façon conventionnelle. Celle-ci a une valeur beaucoup plus faible que dans les supraconducteurs classiques. Nous énumérons un certain nombre de facteurs qui pourraient expliquer ce déficit d'entropie tel que la présence d'un gap dans le coeur de vortex, comme l'indiquent les résultats de STM, et l'effet Doppler des quasiparticules nodales dans la phase mixte, comme le suggère la chaleur spécifique.

# BIBLIOGRAPHIE

[1]C.M.Varma, T.Giamarchi, Model For Copper Oxide Metals and Superconductors, Strongly Interacting Fermions and High Tc Superconductivity, Les Houches, Session LV1, 1991, p.149-194, Elsevier Science B.V.(1995)

[2] N.E.Hussey, The Normal State Scattering Rate in High-Tc Cuprates, Euro. Phys. J. B 31, 495 (2003)

[3] S.D.Obertelli, J.R.Cooper, J.L.Tallon, Systematics in the Thermoelectric Power of high-Tc Oxides, Phys.Rev.B Rapid.Com.46, 14928 (1992)

[4] J.R.Cooper, J.W.Loram, Some Correlations Between the Thermodynamic and Transport Properties of High Tc Oxides in the Normal State, J.Phys.I France 6, 2237-2263 (1996)

[5] R.Coldea, S.M.Hayden, G.Aeppli, T.G.Perring, C.D.Frost, T.E.Mason,S.W. Cheong, Z.Fisk, Spin Waves and Electronic Interactions in $La_2CuO_4$, Phys.Rev.Lett. 86, 5377 (2001)

[6] A.F.Santander-Syro, R.P.S.M.Lobo, N.Bontemps, Z.Konstantinovic, Z.Z.Li, H.Raffy, Pairing in cuprates from high energy electronic states, EuroPhys. Lett. 62, 568 (2003)

[7] J.Gonzalez, M.A.Martin-Delgado, G.Sierra, A.H.Vozmediano, Quantum Electron Liquids and High-Tc Superconductivity, Springer-Verlag (1995)

[8] T.M.Rice, Strongly Correlated Electrons, Strongly Interacting Fermions and High Tc Superconductivity, Les Houches, Session LV1, 1991, p.19-67, Elsevier Science B.V.(1995)

[9] P.W.Anderson, The Theory of Superconductivity in the high-Tc Cuprates, Princeton Series in Physics, Princeton University Press (1997)

[10] H.Takagi, N.E.Hussey, Normal-State charge transport properties of high-

Tc cuprates, Societa Italiana di Fisica, Proceedings of the International School of Physics Enrico Fermi, p.227, IOS Press, Amsterdam (1998)

[11] J.M.Harris, Y.F.Yan, P.Matl, N.P.Ong, P.W.Anderson, T.Kimura, K.Kitazawa, Violation of Kohler's Rule in the Normal State Magnetoresistance of $YBa_2Cu_3O_7$ and $La_{2-x}Sr_xCuO_4$, Phys.Rev.Lett.75, 1391 (1995)

[12] R.W.Hill, C.Proust, L.Taillefer, P.Fournier, R.L.Greene, Breakdown of Fermi-Liquid Theory in a Copper-Oxide Superconductor, Nature 414, 711 (2001)

[13] F.FBalakirev, I.E.Trofimov, S.Guha, M.Z.Cieplak, P.Lindenfeld, Orbital Magnetoresistance in the $La_{2-x}Sr_xCuO_4$, Phys.Rev.B Rapid. Com.57, R8083 (1998)

[14] P.Coleman, A.J.Schofield, A.M.Tsvelik, Phenomenological Transport Equation for the Cuprate Metals, Phys.Rev.Lett.76, 1324 (1996)

[15] L.B.Ioffe, A.J.Millis, Zone-Diagonal-Dominated transport in high-Tc Cuprates, Phys.Rev.B58, 11631 (1998)

[16] J.Mesot, M.Randeria, M.R.Norman, A.Kaminski, H.M.Fretwell, J.C.Campuzano, H.Ding, T.Takeuchi, T.Sato, T.Yokoya, T.Takahashi, I.Chong, T.Terashima, M.Takano, T.Mochiku, K.Kadowaki, Determination of the Fermi Surface in high-Tc Superconductors by angle-resolved photoemission spectroscopy, Phys.Rev.B63, 224516 (2001)

[17] A.Kaminski, J.Mesot, H.Fretwell, J.C.Campuzano, M.R.Norman, M.Randeria, H.Ding, T.Sato, T.Takahashi, T.Mochiku, K.Kadowaki, H.Hoechst, Quasiparticles in the Superconducting State of $Bi_2Sr_2CaCu_2O_8$, Phys.Rev.Lett. 84, 1788 (2000)

[18] B.Revaz, J.Y.Genoud, A.Junod, A.Erb, E.Walker, Observation of d-wave scaling relations in the mixed-state specific heat of $YBa_2Cu_3O_7$, Phys.Rev.B63, 094508 (2001)

[19] H.Aubin, K.Behnia, S.Ooi, T.Tamegai, Evidence for field induced excitations in low temperature thermal conductivity of $Bi_2Sr_2CaCu_2O_8$,

Phys.Rev.Lett.82, 624 (1999)

[20] M.Chiao, R.W.Hill, C.Lupien, B.Popic, R.Gagnon, L.Taillefer, Quasiparticle transport in the vortex state of $YBa_2Cu_3O_{6.9}$, Phys.Rev.Lett.82, 2943 (1999)

[21] L.Taillefer, B.Lussier, R.Gagnon, K.Behnia, H.Aubin, Universal heat Conduction in $YBa_2Cu_3O_{6.9}$, Phys.Rev.Lett.79, 483 (1997)

[22] G.V.M.Williams, J.L.Tallon, J.W.Loram, Crossover Temperatures in the normal-state phase diagram of high-Tc superconductors, Phys.Rev.B58, 15053 (1998)

[23] Z.Konstantinovic, Z.Z.Li, H.Raffy, Temperature Dependence of the Hall effect in single-layer and bilayer $Bi_2Sr_2Ca_{n-1}Cu_nO_y$ thin films at various oxygen contents, Phys.Rev.B Rapid.Com.62, R11989 (2000)

[24] H.Y.Hwang, B.Batlogg, H.Takagi, H.L.Kao, J.Kwo, R.J.Cava, J.J.Krajewski, W.F.Peck, Scaling of the temperature dependent Hall effect in $La_{2-x}Sr_xCuO_4$, Phys.Rev.Lett.72, 2636 (1994)

[25] J.L.Tallon, J.W.Loram, G.V.M.Williams, J.R.Cooper, I.R.Fisher, J.D.Johnson, M.P.Staines, C.Bernhard, Critical Doping in Overdoped High-Tc Superconductors- a Quantum Critical Point? Phys.Stat.Sol.(b)215, 531 (1999)

[26] A.Kaminski, S.Rosenkranz, H.M.Fretwell, J.C.Campuzano, Z.Li, H.Raffy, W.G.Cullen, H.You, C.G.Olson, C.M.Varma, H.Höchst, Spontaneous breaking of time-reversal symmetry in the pseudogap sate of a high-Tc superconductor, Nature 416, 610 (2002)

[27] H.Ding, T.Yokoya, J.C.Campuzano, T.Takahashi, M.Randeria, M.R.Norman, T.Mochiku, K.Kadowaki, J.Giapintzakis, Spectroscopic Evidence for a Pseudogap in the Normal State of Underdoped High-Tc Superconductors, Nature 382,51 (1996)

[28] J.W.Loram, Mirza, J.R.Cooper, J.L.Tallon, Specific heat evidence on the normal state pseudogap, J.Phys.Chem.Solids. vol.59, no10-12, p.2091(1998)

[29] P.Dai, H.A.Mook, G.Aeppli, S.M.Hayden, F.Dogan, Resonance as a Measure of Pairing Correlations in the High-Tc Superconductor $YBa_2Cu_3O_{.6}$, Nature 406, 965 (2000)

[30] P.Dai, H.A.Mook, S.M.Hayden, G.Aeppli, T.G.Perring, R.D.Hunt, F.Dogan, The Magnetic Excitation Spectrum and Thermodynamics of High-Tc Superconductors, Science 284, 1344 (1999)

[31] J.C.Campuzano, H.Ding, M.Norman, Electronic Spectra and their Relation to the $(\pi; \pi)$ Collective Mode in High Tc Superconductors, Phys.Rev.Lett.83, 3709 (1999)

[32] Kee, S.Kivelson, G.Aeppli, What Resonance Peak Cannot Do, condmat/ 0110478 (2001)

[33] J.Corson, R.Mallozzi, J.Orenstein, J.N.Eckstein, I.Bozovic, Vanishing of phase coherence in underdoped $Bi_2Sr_2CaCu_2O_8$, Nature 398, 221(1999)

[34] Z.A.Xu, N.P.Ong, Y.Wang, T.Kakeshita, S.Uchida, Vortex-Like Excitations and the Onset of Superconducting Phase Fluctuation in Underdoped $La_{2-x}Sr_xCuO_4$, Nature 406, 486 (2000)

[35] Y. Wang, Z.A.Xu, T.Kakeshita, S.Uchida, S.Ono, Y.Ando, N.P.Ong, The onset of the vortex-like Nernst signal above Tc in $La_{2-x}Sr_xCuO_4$ and $Bi_2Sr_2$-$_yLa_yCuO_6$, Phys. Rev. B64, 224519 (2001)

[36] I.Iguchi, T.Yamaguchi, A.Sugimoto, Diamagnetic Activity above Tc as a Precursor to Superconductivity in $La_{2-x}Sr_xCuO_4$ thin films, Nature 412, 420 (2001)

[37] V.Emery, S.Kivelson, Importance of Phase Fluctuations in Superconductors with Small Superfluid Density, Nature 374, 434 (1995)

[38] Y.J.Uemura, G.M.Luke, B.J.Sternlieb, J.H.Brewer, J.F.Carolan, W.N.Hardy, R.Kadono, J.R.Kempton, R.F.Kiefl, S.R.Kreitzman, P.Mulhern, T.M.Riseman, D.Ll.Williams, B.X.Yang, S.Uchida, H.Takagi, J.Gopalakrishnan, A.W.Sleight, M.A.Subramanian, C.L.Chien, M.Z.Cieplak, Gang Xiao, V.Y.Lee, B.W.Statt, C.E.Stronach, W.J.Kossler, X.H.Yu, Universal

Correlations between Tc and $n_s/m^*$(Carrier Density over Effective Mass) in High-Tc Cuprate Superconductors, Phys.Rev.Lett.62, 2317 (1989)

[39] P.A.Lee, X.G.Wen, Unusual Superconducting State of Underdoped Cuprates, Phys.Rev.Lett.78, 4111 (1997)

[40] Q.Chen, K.Levin, I.Kosztin, Superconducting Phase Coherence in the Presence of a Pseudogap: Relation to Specific heat, Tunneling, and Vortex Core Spectroscopies, Phys.Rev.B63, 184519 (2001)

[41] V.B.Geshkenbein, L.B.Ioffe, A.I.Larkin, Superconductivity in a system with Preformed Pairs, Phys.Rev.B 55, 3173 (1997)

[42] B.I.Halperin, D.R.Nelson, Resistive Transition in Superconducting Films, J.Low Temp.Phys.36, 599 (1979)

[43] N.C.Yeh, C.C.Tsuei, Quasi-two-dimensional Phase Fluctuations in Bulk Superconducting $YBa_2Cu_3O_7$ Single Crystals, Phys.Rev.B 39, 9708 (1989)

[44] S.Martin, A.T.Fiory, R.M.Fleming, G.P.Espinosa, A.S.Cooper, Vortex-Pair Excitation near the Superconducting Transition of $Bi_2Sr_2CaCu_2O_8$ Crystals, Phys.Rev.Lett. 62, 677 (1989)

[45] P.A.Lee, Orbital Currents in Underdoped Cuprates, J. Phys. Chem Solids 63, 2149 (2002)

[46] T.Cren, D.Roditchev, W.Sacks, J.Klein, J.B.Moussy, C.Deville-Cavellin, M.Lagues, Influence of disorder on the local density of states in high-Tc superconducting thin films Phys.Rev.Lett 84, 147 (2000)

[47] K.M.Lang, V.Madhavan, J.E.Hoffman, E.W.Hudson, H.Eisaki, S.Uchida, J.C.Davis, Imaging the Granular Structure of High-Tc Superconductivity in Underdoped $Bi_2Sr_2CaCu_2O_8$, Nature 415, 412 (2002)

[48] T.Shibauchi, L.Krusin-Elbaum, Ming Li, M.P.Maley, P.H.Kes, Closing the Pseudogap by Zeeman Splitting in $Bi_2Sr_2CaCu_2O_8$ at High Magnetic Fields, Phys.Rev.Lett. 86, 5763 (2001)

[49] N.Markovic, C.Christiansen, A.M.Mack, W.H.Huber, A.M.Goldman, The Superconductor-Insulator Transition in 2D, Phys.Rev.B 60, 4320 (1999)

[50] M.P.A.Fisher, Quantum Phase Transition in Disordered Two-Dimensional Superconductors, Phys.Rev.Lett.65, 923 (1990)

[51] H.Ishida, R.Ikeda, Theoretical Description of Resistive Behavior near a Quantum Vortex-Glass Transition, J.Phys.Soc.Jpn.71, 254 (2002)

[52] M.A.Paalanen, A.F.Hebard, R.R.Ruel, Low-Temperature Insulating Phases of Uniformly Disordered Two-Dimensional Superconductors, Phys.Rev.Lett. 69, 1604 (1992)

[53] N.Markovic, A.M.Mack, G.Martinez-Arizala, C.Christiansen, A.M.Goldman, Evidence of vortices on the insulating side of the Superconductor-Insulator Transition, Phys.Rev.Lett. 81, 701 (1998)

[54] R.W.Simon, B.J.Dalrymple, D.Van Vechten, W.W.Fuller, S.A.Wolf, Transport measurements in granular niobium nitride cermet films, Phys.Rev.B 36, 1962 (1987)

[55] E.Abrahams, S.V.Kravchenko, M.P.Sarachik, Metallic behavior and related phenomena in two dimensions, Reviews of Modern Physics 73, 251 (2001)

[56] V.Yu.Butko, P.W.Adams, Quantum Metallicity in a two-dimensional insulator, Nature 409, 161 (2001)

[57] K.Semba, A.Matsuda, Superconductor-to-Insulator Transition and Transport Properties of Underdoped $YBa_2Cu_3O_y$ Crystals, Phys.Rev.Lett. 86,496 (2001)

[58] H.Takagi, B.Batlogg, H.L.Kao, J.Kwo, R.J.Cava, J.J.Krajewski, W.F.Peck, Systematic Evolution of Temperature-Dependent Resistivity in $La_{2-x}Sr_xCuO_4$, Phys.Rev.Lett. 69, 2975 (1992)

[59] Z.Konstantinovic, Z.Z.Li, H.Raffy, Evolution of the Resistivity of Single-Layer $Bi_2Sr_{1.6}La_{0.4}CuO_y$ thin films with doping and phase diagram, Physica C 351, 163-168 (2001)

[60] V.Emery, S.Kivelson, Superconductivity in Bad Metals, Phys.Rev.Lett. 74, 3253 (1995)

[61]  Y.Fukuzumi,  K.Mizuhashi,  K.Takenaka,  S.Uchida,  Universal Superconductor-Insulator Transition and Tc Depression in Zn-Substituted High-Tc Cuprates in the Underdoped Regime, Phys.Rev.Lett. 76, 684 (1996)

[62]  Y.Hanaki,  Y.Ando,  S.Ono,  J.Takeya,  Zn-Doping  effect  on  the magnetotransport properties of $Bi_2Sr_{2-y}La_yCuO_6$ Single Crystals, Phys.Rev.B 64, 172514 (2001)

[63]  K.Karpinska,  M.Z.Cieplak,  S.Guha,  A.Malinowski,  T.Skoskiewicz, W.Plesiewicz, M.Berkowski, B.Boyce, T.R.Lemberger, P.Lindenfeld, Metallic Nonsuperconducting Phase and d-Wave Superconductivity in Zn-Substituted $La_{0.85}Sr_{0.15}CuO_4$, Phys.Rev.Lett. 84, 155 (2000)

[64]  J.Bobroff,W.A.MacFarlane, H.Alloul, P.Mendels, N.Blanchard, G.Collin, J.F.Marucco, Spinless Impurities in high-Tc cuprates: Kondo-like behavior, Phy.Rev.Lett.83, 4381 (1999)

[65]  G.T.Seidler,  T.F.Rosenbaum,  B.W.Veal,  Two-dimensional Superconductor-Insulator  Transition  in  bulk  single-crystal  $YBa_2Cu_3O_{6.38}$, Phys.Rev.B Rapid Com. 45, 10162 (1992)

[66]  K.Karpinska,  A.Malinowski,  M.Z.Cieplak,  S.Guha,  S.Gershman, G.Kotliar,  T.Skoskiewicz,  W.Plesiewicz,  M.Berkowski,  P.Lindenfeld, Magnetic-Field  Induced  Superconductor-Insulator  Transition  in  the  $La_{2-x}Sr_xCuO_4$ System, Phys.Rev.Lett. 77, 3033 (1996)

[67] A.Malinowski, M.Z.Cieplak, A.S.vanSteenbergen, J.A.A.J.Perenboom, K.Karpinska, M.Berkowski, S.Guha, P.Lindenfeld, Magnetic Field Induced Localization  in  the  Normal  State  of  Superconducting  $La_{2-x}Sr_xCuO_4$, Phys.Rev.Lett. 79, 495 (1997)

[68] G.S.Boebinger, Y.Ando, A.Passner, T.Kimura, M.Okuya, J.Shimoyama, K.Kishio, K.Tamasaku, N.Ichikawa, S.Uchida, Insulator-to-Metal Crossover in the Normal State of $La_{2-x}Sr_xCuO_4$ Near Optimum Doping, Phys.Rev.Lett. 77, 5417 (1996)

[69] S.Ono, Y.Ando, T.Murayama, F.F.Balakirev, J.B.Betts, G.S.Boebinger,

Metal-to-Insulator Crossover in the Low-Temperature Normal State of $Bi_2Sr_{2-y}La_yCuO_6$, Phys.Rev.Lett. 85, 638 (2000)

[70] Y.Ando, G.S.Boebinger, A.Passner, T.Kimura, K.Kishio, Logarithmic Divergence of both In-Plane and Out-of-Plane Normal-State Resistivities of Superconducting $La_{2-x}Sr_xCuO_4$ in the Zero Temperature Limit, Phys.Rev.Lett. 75, 4662 (1995)

[71] T.W.Jing, N.P.Ong, T.V.Ramakrishnan, J.M.Tarascon, K.Remschnig, Anomalous Enhancement of the Electron Dephasing Rate from Magnetoresistance Data in $Bi_2Sr_2CuO_6$, Phys.Rev.Lett. 67, 761 (1991)

[72] N.W.Preyer, M.A.Kastner, C.Y.Chen, R.J.Birgeneau, Y.Hidaka, Isotropic negative magnetoresistance in $La_{2-x}Sr_xCuO_4$, Phys.Rev.B 44, 407 (1991)

[73] G.Blatter, M.V.Feigel'man, V.B.Geshkenbein, A.I.Larkin, V.M.Vinokur, Vortices in high-temperature superconductors, Rev.Mod.Phys. 66, 1125 (1994)

[74] T.Giamarchi, P.Le Doussal, Elastic theory of flux lattices in the presence of weak disorder, Phys.Rev.B 52, 1242 (1995)

[75] T.Klein, I.Joumard, S.Blanchard, J.Marcus, R.Cubitt, T.Giamarchi, P.Le Doussal, A Bragg glass phase in the vortex lattice of a type II superconductor, Nature 413, 404 (2001)

[76] D.Babic, J.R.Cooper, J.W.Hodby, C.Changkang, Changes in the irreversibility line, anisotropy, and condensation energy by oxygen depletion of $YBa_2Cu_3O_7$, Phys.Rev.B 60, 698 (1999)

[77] E.Zeldov, D.Majer, M.Konczykowski, V.B.Geshkenbein, V.M.Vinokur, H.Shtrikman, Thermodynamic observation of first-order vortex-lattice melting transition in $Bi_2Sr_2CaCu_2O_8$, Nature 375, 373 (1995)

[78] A.Schilling, R.A.Fisher, N.E.Phillips, U.Welp, D.Dasgupta, W.K.Kwok, G.W.Crabtree, Calorimetric measurement of the latent heat of vortex lattice melting in untwinned $YBa_2Cu_3O_7$, Nature 382, 791 (1996)

[79] M.Marchevsky, M.J.Higgins, S.Bhattacharya, Two coexisting vortex phases in the peak effect regime in a superconductor, Nature 409, 591(2001)

[80] J.Shi, X.S.Ling, R.Liang, D.A.Bonn, W.N.Hardy, Giant peak effect observed in an ultrapure $YBa_2Cu_3O_{6.93}$, Phys.Rev.B Rapid.Com. 60, R12593 (1999)

[81] N.Avraham, B.Khaykovich, Y.Myasoedov, M.Rappaport, H.Shtrikman, D.E.Feldman, T.Tamegai, P.H.Kes, M.Li, M.Konczykowski, K.Van der Beek, E.Zeldov, Inverse melting of a vortex lattice, Nature 411, 451(2001)

[82] G.Kotliar, C.M.Varma, Low Temperature Upper Critical Field Anomalies in Clean Superconductors, Phys. Rev. Lett. 77, 2296 (1996)

[83] A.P.Mackenzie, S.R.Julian, G.G.Lonzarich, A.Carrington, S.D.Hugues, R.S.Liu, D.S.Siclair, Resistive upper critical field of $Tl_2Ba_2CuO_6$ at low temperatures and high magnetic fields, Phys.Rev.Lett. 71, 1238 (1993)

[84] A.Carrington, A.P.Mackenzie, A.Tyler, Specific heat of low temperature $Tl_2Ba_2CuO_6$, Phys.Rev.B54, R3788 (1996)

[85] Y.Ando, G.S.Boebinger, A.Passner, L.F.Schneemeyer, T.Kimura, M.Okuya, S.Watauchi, J.Shimoyama, K.Kishio, K.Tamasaku, N.Ichikawa, S.Uchida, Resistive Upper Critical Fields and Irreversibility Lines of Optimally Doped high-Tc Cuprates, Phys.Rev.B 60, 12 475 (1999)

[86] Y.M.Huh, D.K.Finnemore, Vortex fluctuations in superconducting $La_{2-x}Sr_xCuO_4$, Phys. Rev. B 65, 092506 (2002)

[87] B.Lake, G.Aeppli, K.N.Clausen, D.F.McMorrow, K.Lefmann, N.E.Hussey, N.Mangkorntong, M.Nohara, H.Takagi, T.E.Mason, A.Schröder, Spins in the Vortices of a High-Temperature Superconductor, Science 291,1759 (2001)

[88] S.Katano, M.Sato, K.Yamada, T.Suzuki, T.Fukase, Enhancement of Static Antiferromagnetic Correlations by Magnetic Field in a Superconductor $La_{2-x}Sr_xCuO_4$ with x=0.12, Phys.Rev.B Rapid.Com. 62, R14677 (2000)

[89]B.Lake, H.M.Ronnow, N.B.Christensen, G.Aeppli, K.Lefmann, D.F.McMorrow, P.Vorderwisch, P.Smelbidl, N.Mangkorntong, T.Sasagawa, M.Nohara, H.Takagi, T.E.Mason, Antiferromagnetic order induced by an

applied magnetic field in a high-temperature superconductor, Nature 415, 299 (2002)

[90] J.P.Hu, S.C.Zhang, Theory of Static and Dynamic Antiferromagnetic Vortices in LSCO Superconductors, J. Phys. Chem. Solids 63, 2277 (2002)

[91] S.A.Kivelson, G.Aeppli, V.J.Emery, Thermodynamics of the Interplay between Magnetism and High-Temperature Superconductivity, Proceedings of the National Academy of Sciences 98, 11903 (2001)

[92] D.P.Arovas, A.J.Berlinsky, C.Kallin, S.C.Zhang, Superconducting Vortex with Antiferromagnetic Core, Phys.Rev.Lett. 79, 2871 (1997)

[93] P.Hedegard, Magnetic Vortices in High Temperature Superconductors, cond-mat/0102070 (2001)

[94] E.Demler, S.Sachdev, Y.Zhang, Spin-Ordering Quantum Transitions of Superconductors in a Magnetic Field, Phys.Rev.Lett. 87, 067202 (2001), Y.Zhang, E.Demler,S.Sachdev, Phys. Rev. B 66, 094501 (2002)

[95] J.E.Hoffman, E.W.Hudson,K.M.Lang, V.Madhavan, H.Eisaki, S.Uchida, J.C.Davis, A Four-Unit-Cell Periodic Pattern of Quasiparticle States Surrounding Vortex Cores in $Bi_2Sr_2CaCu_2O_8$, Science 295, 466(2002)

[96] Y.Chen, C.S.Ting, Magnetic Field Induced Spin Density Wave in High Temperature Superconductors, Phys.Rev.B 65, 180513 (2002)

[97] V.F.Mitrovic, E.E.Sigmund, M.Eschrig, H.N.Bachman, W.P.Halperin, A.P.Reyes, P.Kuhns, W.G.Moulton, Spatially Resolved Electronic Structure Inside and Outside the Vortex Cores of a High-Temperature Superconductor, Nature 413, 501 (2001)

[98] V.F.Mitrovic, E.E.Sigmund, W.P.Halperin, A.P.Reyes, P.Kuhns, W.G.Moulton, Antiferromagnetism in the vortex cores of $YBa_2Cu_3O_7$, Phys. Rev. B 67, 220503 (2003)

[99] R.I.Miller, R.F.Kiefl, J.H.Brewer, J.E.Sonier, J.Chakhalian, S.Dunsiger,

G.D.Morris, A.N.Price, D.A.Bonn, W.H.Hardy, R.Liang, Evidence for Static Magnetism in the Vortex Cores of Ortho-II $YBa_2Cu_3O_{6.5}$, Phys.Rev.Lett. 88, 137002 (2002)

[100] J.E.Sonier, J.H.Brewer, R.F.Kiefl, R.I.Miller, G.D.Morris, C.E.Stronach, J.S.Gardner, S.R.Dunsiger, D.A.Bonn, W.N.Hardy, R.Liang, R.H.Heffner, Anomalous Weak Magnetism in Superconducting $YBa_2Cu_3O_{6+x}$, Science 292,1692 (2001)

[101] C.Caroli, P.G.de Gennes, J.Matricon, Phys.Lett.9, 307 (1964)

[102]H.F.Hess, R.B.Robinson, R.C.Dynes, J.M.Valles, J.V.Waszczak, Scanning-Tunneling-Microscope Observation of the Abrikosov Flux Lattice and the Density of States near and inside a Fluxoid, Phys.Rev.Lett. 62, 214 (1989)

[103] I.Maggio-Aprile, Ch.Renner, A.Erb, E.Walker, O.Fischer, Direct Vortex Lattice Imaging and Tunneling Spectroscopy of Flux Lines on $YBa_2Cu_3O_7$, Phys.Rev.Lett. 75, 2754 (1995)

[104]Ch.Renner, B.Revaz, K.Kadowaki, I.Maggio-Aprile, O.Fisher, Observation of the Low Temperature Pseudogap in the Vortex Cores of $Bi_2Sr_2CaCu_2O_8$, Phys.Rev.Lett. 80, 3606 (1998)

[105] B.W.Hoogenboom, K.Kadowaki, B.Revaz, M.Li, Ch.Renner, O.Fischer, Linear and Field-Independent Relation between Vortex Core State Energy and Gap in $Bi_2Sr_2CaCu_2O_8$, Phys.Rev.Lett. 87, 267001 (2001)

[106] S.H.Pan, E.W.Hudson, A.K.Gupta, K.-W.Ng, H.Eisaki, S.Uchida, J.C.Davis, STM Studies of the Electronic Structure of Vortex Cores in $Bi_2Sr_2CaCu_2O_8$, Phys.Rev.Lett. 85, 1536 (2000)

[107] Ch.Renner, B.Revaz, J.Y.Genoud, K.Kadowaki, O.Fischer, Pseudogap Precursor of the Superconducting Gap in Under- and Overdoped $Bi_2Sr_2CaCu_2O_8$, Phys.Rev.Lett. 80, 149 (1998)

[108] M.Franz, Z.Tesanovic, Vortex State in a Doped Mott Insulator, Phys.Rev.B 63, 64516 (2001)

[109] J.Kishine, P.A.Lee, X.G.Wen, Staggered Local Density of States around

the Vortex in Underdoped Cuprates, Phys.Rev.Lett. 86, 5365 (2001)

[110] P.A.Lee, X.G.Wen, Vortex structure in Underdoped Cuprates, Phys.Rev.B 63, 224517 (2001)

[111] Y.Morita, M.Kohmoto, K.Maki, Aspects of a single vortex in d-wave superconductors, Int.Journ.Mod.Phys.B, vol.12, no.10, p.989 (1998)

[112] N.F.Mott, H.Jones, The theory of the properties of metals and alloys, chap.7, p.305, Dover (1958)

[113] Y.Dumont, C.Ayache, G.Collin, Dragging excitation characteristics from thermoelectric power in $Bi_2Sr_{2-y}La_yCuO_6$ single crystals, Phys.Rev.B 62, 622 (2000)

[114] T.Plackowski and M.Matusiak, Normal-state Ettingshausen, Seebeck, and Hall effects in $La_{2-x}Sr_xCuO_4$, Phys.Rev.B 60,14872 (1999)

[115] J.A.Clayhold, A.W.Linen, F.Chen, C.W.Chu, Normal state Nernst effect in a $Tl_2Ba_2CaCu_2O_8$ epitaxial film, Phys.Rev.B Rapid Com. 50, 4252(1994)

[116]V.A.Rowe, R.P.Huebener, Nernst effect and Flux-Flow in Superconductors.III.Films of Tin and Indium, Phys.Rev.185, 666 (1969), R.P.Huebener, A.Seher, Phys.Rev.181, 701 (1969)

[117] H.C.Ri, R.Gross, F.Gollnik, A.Beck, R.P.Huebener, P.Wagner, H.Adrian, Nernst, Seebeck and Hall effects in the Mixed State of $YBa_2Cu_3O_7$ and $Bi_2Sr_2CaCu_2O_8$ thin films : A Comparative Study, Phys.Rev.B 50, 3312 (1994)

[118] S.J.Hagen, C.J.Lobb, R.L.Greene, M.G.Forrester, J.Talvacchio, Flux flow Nernst effect in epitaxial $YBa_2Cu_3O_7$, Phys.Rev.B 42, 6777 (1990)

[119] R.P.Huebener, Magnetic Flux Structures in Superconductors, chap.15, 2nd Edition, Solid-State Sciences, Springer-Verlag (2001)

[120] G.Yu.Logvenov, M.Hartmann, R.P.Huebener, Thermoelectric and thermomagnetic effects in the mixed state of high-Tc superconducting $Tl_2Ba_2CaCu_2O_x$, Phys.Rev.B 46, 11102 (1992)

[121] M.Pekala, E.Maka, D.Hu, V.Brabers, M.Ausloos, Mixed-state thermoelectric and thermomagnetic effects of a $Bi_2Sr_2CaCu_2O_8$ single crystal, Phys.Rev.B 52, 7647 (1995)

[122] C.Caroli, K.Maki, Motion of the Vortex Structure in Type-II Superconductors in High Magnetic Field, Phys.Rev.164, 591 (1967)

[123] T.T.M.Palstra, B.Batlogg, L.F.Scheneemeyer, J.V.Waszczak, Transport Entropy of Vortex Motion in $YBa_2Cu_3O_7$, Phys.Rev.Lett. 64, 3090 (1990)

[124] X.Jiang, W.Jiang, S.N.Mao, R.L.Greene, T.Venkatesan, C.J.Lobb, Measurements of vortex-transport entropy in epitaxial $Nd_{1.85}Ce_{0.15}CuO_4$ films Evidence for quasiparticle bound state quantization in the vortex core, Physica C 254, 175 (1995)

[125] G.Heine, W.Lang, Magnetoresistance of the new ceramic Cernox thermometer from 4.2K to 300K in magnetic fields up to 13T, Cryogenics 38, 377 (1998) Elsevier

[126] C.Marin, et al., Physica C 320, 197 (1999)

[127] Z.Z.Li, H.Rifi, A.Vaures, S.Megtert, H.Raffy, Physica C 206, 367(1993)

[128] Y.Ando, A.N.Lavrov, S.Komiya, K.Segawa, X.F.Sun, Mobility of the doped Holes and the Antiferromagnetic Correlations in Underdoped High-Tc Cuprates, Phys. Rev. Lett. 87, 017001 (2001)

[129]V.B.Geshkenbein, L.B.Ioffe, A.J.Millis, Theory of the Resistive Transition in Overdoped $Tl_2Ba_2CuO_6$: Implications for the vortex viscosity and the quasiparticle scattering rate in high-Tc superconductors, Phys.Rev.Lett.80, 5778 (1998)

[130] C.Hohn, M.Galffy, A.Freimuth, Resistivity, Hall effect, Nernst effect and thermopower in the mixed state of $La_{1.85}Sr_{0.15}CuO_4$, Phys.Rev.B 50, 15875 (1994)

[131] C.Capan, K.Behnia, J.Hinderer, A.G.M.Jansen,W.Lang, Ch.Marcenat,

Ch.Marin, J.Flouquet, Entropy of vortex cores on the border of superconductor-to-insulator transition in an underdoped cuprate, Phys.Rev.Lett. 88, 056601 (2002)

[132] Y.Wang, N.P.Ong, Z.A.Xu, T.Kakeshita, S.Uchida, D.A.Bonn, R.Liang, W.N.Hardy, The high field phase diagram of the cuprates derived from the Nernst effect, Phys.Rev.Lett. 88, 257003(2002)

[133] H.Kontani, Nernst coefficient and Magnetoresistance in High-Tc Superconductors: the Role of Superconducting Fluctuations, condmat/ 0204193 (2002)

[134] I.Ussishkin, S.L.Sondhi, D.A.Huse, Gaussian Superconducting Fluctuations, thermal transport, and the Nernst effect, Phys. Rev. Lett. 89, 287001 (2002)

[135] Z.Y.Weng, V.N.Muthukumar, Spontaneous Vortex Phase in the Bosonic RVB Theory, Phys. Rev. B 66, 094509 (2002)

[136] S. Ullah and A. T. Dorsey, Effect of fluctuations on the transport properties of type-II superconductors in a magnetic field, Phys. Rev.B 44, 262 (1991).

[137] R.Ikeda, Quantum Resistive Behaviors in the Vortex Liquid Regimes at Finite Temperatures, J.Phys.Soc.Jpn. 72, 2930 (2003),

[138] R.Ikeda, Fluctuation Effects in Underdoped Cuprate Superconductors under Magnetic Field, Phys.Rev. B 66, 100511(R) (2002)

[139] L.B.Ioffe, A.J.Millis, Big Fast Vortices in the d-RVB theory of high temperature superconductivity, Phys. Rev. B 66, 094513 (2002)

[140] A.Maeda, Y.Tsuchiya, K.Iwaya, K.Kinoshita, T.Hanaguri, H.Kitano, T.Nishizaki, K.Shibata, N.Kobayashi, J.Takeya, K.Nakamura, Y.Ando, Dynamics vs electronic states of vortex cores of high-Tc superconductors investigated by high-frequency impedance measurement, Physica C 362, 127 (2001)

[141] B.Parks, S.Spielman, J.Orenstein, D.T.Nemeth, F.Ludwig, J.Clarke, P.Merchant, D.J.Lew, Phase sensitive measurements of vortex dynamics in the THz domain, Phys.Rev.Lett.74, 3265 (1995)

[142] K.A.Moler, A.Kapitulnik, D.J.Baar, R.Liang, W.N.Hardy, Specific Heat of $YBa_2Cu_3O_7$ single crystals: Implications for the Vortex Structure, Phys. Rev. B 55, 3954 (1997)

[143] B.Revaz, J.-Y.Genoud, A.Junod, A.Erb, E.Walker, Observation of d-wave scaling relations in the mixed-state specific heat of $YBa_2Cu_3O_7$, Phys. Rev. Lett. 80, 3364 (1998)

[144] T.W.Clinton, W.Liu, X.Jiang, A.W.Smith, M.Rajeswari, R.L.Greene, C.J.Lobb, Pinning and the mixed-state thermomagnetic transport properties of $YBa_2Cu_3O_7$, Phys.Rev.B 54, R9670 (1996)

[145] P.R.Solomon, F.A.Otter, Thermomagnetic Effects in Superconductors, Phys.Rev.164, 608 (1967)

[146] C.Panagopoulos, J.R.Cooper, T.Xiang, Y.S.Wang, C.W.Chu, c-axis superfluid response and pseudogap in high-Tc superconductors, Phys.Rev.B Rapid.Com. 61, R3808 (2000)

[147] G.Q.Zheng, H.Ozaki, Y.Kitaoka, P.Kuhns, A.P.Reyes, W.G.Moulton, Delocalized Quasiparticles in the vortex state of an overdoped high-Tc superconductor probed by $^{63}Cu$ NMR, Phys.Rev.Lett. 88, 077003 (2002)

[148] C.Panagopoulos, B.D.Rainford, J.R.Cooper, W.Lo, J.L.Tallon, J.W.Loram, J.Betouras, Y.S.Wang, C.W.Chu, Effects of carrier concentration on the superfluid density of high-Tc cuprates, Phys.Rev.B 60, 14617 (1999)

[149] G.E.Volovik, JETP Lett. 58, 469 (1993)

[150] J.L.Luo, J.W.Loram, T.Xiang, J.R.Cooper, J.L.Tallon, The magnetic field dependence of the electronic specific heat of $Y_{0.8}Ca_{0.2}Ba_2Cu_3O_{6+x}$, Physica B 284, 1045 (2000)

[151] N.Morozov, L.Krusin-Elbaum, T.Shibauchi, L.N.Bulaevskii, M.P.Maley, Yu.I.Latyshev, T.Yamashita, High-field Quasiparticle Tunneling in $Bi_2Sr_2CaCu_2O_8$, Phys.Rev.Lett.84, 1784 (2000)

[152] N.Momono, M.Ido, T.Nakano, M.Oda, Y.Okajima, K.Yamaya, Low-Temperature electronic specific heat of $La_{1.92}Sr_{0.08}CuO_4$ and $La_{1.92}Sr_{0.08}Cu_{1-y}Zn_yO_4$ Evidence for a d-wave superconductor, Physica C233, 395 (1994)

[153]N. Doiron-Leyraud, C. Proust, D. LeBoeuf, J. Levallois, J.-B. Bonnemaison, R. Liang, D. A. Bonn, W. N. Hardy, L. Taillefer, Quantum oscillations and the Fermi surface in an underdoped high-Tc superconductor, Nature 447, 565 (2007)

[154] Y. Li, V. Balédent, N. Barisic, Y. Cho, B. Fauqué, Y. Sidis, G. Yu, X. Zhao, Ph. Bourges, M. Greven, Nature 455, 372 (2008)

www.ingramcontent.com/pod-product-compliance
Lightning Source LLC
Chambersburg PA
CBHW021050210326
41598CB00016B/1165